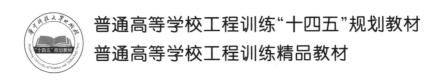

普通高等学校工程训练"十四五"规划教材

普通高等学校工程训练精品教材

工程训练——焊接分册

主　编　苏秀芝

副主编　李文胜　李　兢

U0193753

华中科技大学出版社

中国·武汉

内 容 简 介

本书为省级精品课程"机械制造工程实训"的配套教材,是编者根据工科本科生人才培养目标,总结近年来的教学改革与实践成果,参照当前有关技术标准编写而成的。

本书介绍了焊接的基础知识及基本加工工艺,包括焊接概述、焊条电弧焊、焊接质量、气焊与气割、氩弧焊等内容。本书可作为高等工科院校机械类和近机械类专业本科生实践基础课程教材,也可供独立学院、高职高专院校、成人教育院校等同类专业学生选用,还可供工程技术人员参考。

图书在版编目(CIP)数据

工程训练. 焊接分册 / 苏秀芝主编. -- 武汉:华中科技大学出版社,2024.7. -- ISBN 978-7-5772-1044-5

Ⅰ. TH16

中国国家版本馆 CIP 数据核字第 2024LP3117 号

工程训练——焊接分册　　　　　　　　　　　　　　　　　　　　　苏秀芝　主编
Gongcheng Xunlian——Hanjie Fence

策划编辑:余伯仲
责任编辑:杨赛君
封面设计:廖亚萍
责任监印:朱　玢
出版发行:华中科技大学出版社(中国·武汉)　　　　电话:(027)81321913
　　　　　武汉市东湖新技术开发区华工科技园　　　　邮编:430223
录　　排:武汉三月禾文化传播有限公司
印　　刷:武汉市洪林印务有限公司
开　　本:710mm×1000mm　1/16
印　　张:4.75
字　　数:78 千字
版　　次:2024 年 7 月第 1 版第 1 次印刷
定　　价:19.80 元

普通高等学校工程训练"十四五"规划教材

普通高等学校工程训练精品教材

编写委员会

主　任：王书亭(华中科技大学)

副主任：(按姓氏笔画排序)

于传浩(武汉工程大学)　　　　刘怀兰(华中科技大学)

江志刚(武汉科技大学)　　　　李　波(中国地质大学(武汉))

李玉梅(湖北工程学院)　　　　吴世林(武汉纺织大学)

吴华春(武汉理工大学)　　　　沈　阳(湖北大学)

张国忠(华中农业大学)　　　　罗龙君(华中科技大学)

孟小亮(武汉大学)　　　　　　贺　军(中南民族大学)

夏　星(湖北工业大学)　　　　蒋国璋(武汉科技大学)

漆为民(江汉大学)

委　员：(排名不分先后)

徐　刚　　吴超华　　李萍萍　　陈　东　　赵　鹏　　张朝刚

鲍　雄　　易奇昌　　鲍开美　　沈　阳　　余竹玛　　刘　翔

段现银　　郑　翠　　马　晋　　黄　潇　　唐　科　　陈　文

彭　兆　　程　鹏　　应之歌　　张　诚　　黄　丰　　李　兢

霍　肖　　史晓亮　　胡伟康　　陈含德　　邹方利　　徐　凯

汪　峰

秘　书：余伯仲

前　　言

工程训练是普通高等院校本科教学中重要的基础实践教学环节,而焊接是其中的一个重要项目,其对整个专业教学有支撑作用。

本书主要介绍了焊条电弧焊、气焊与气割、氩弧焊等焊接方法的基本操作,将焊接操作中不同位置、不同材料的焊接要点进行了细致的阐述,并配以与焊接技能相关的必要的理论知识。本书以实用操作技术为主,内容翔实、深入浅出,力求在基本操作技能的传授与动手能力培养的基础上结合实际开展技能操作训练,着重于学生实际动手能力与综合应用能力的培养。

本书由武汉理工大学工程训练中心苏秀芝担任主编,由武汉理工大学工程训练中心李文胜、湖北工业大学现代工程训练与创新中心李兢担任副主编。

本书的编写得到了湖北省高等教育学会金工教学专业委员会的亲切指导,编者参阅了许多国内外有关教材,借鉴了一些高等院校金工实习焊接实训的经验,得到了各学校领导和老师们的大力支持及有益指导,在此表示衷心的感谢。

由于编者水平有限,书中难免有错误和不足之处,恳请广大读者批评指正。

编　者

2024 年 4 月

目　　录

第1章 焊接概述

焊接是通过加热、加压或两者并用,使用或不使用填充材料使焊件达到原子结合的一种加工方法。焊接是一种重要的金属加工工艺,它能使分离的金属连接成不可拆卸的牢固整体。

1.1 焊接方法的分类

焊接方法可分为三大类:熔化焊、压力焊和钎焊。

熔化焊是将焊接接头加热至熔化状态而不加压力的一类焊接方法,其中电弧焊、气焊应用最为广泛。

压力焊是对焊件施加压力、加热或不加热的焊接方法,其中电阻焊应用较多。

钎焊是采用熔点比焊件金属低的钎料,将焊件和钎料加热到高于钎料的熔点而焊件金属不熔化的温度,利用毛细管作用使液态钎料填充接头间隙并与母材原子相互扩散的焊接方法,如铜焊等。

熔化焊、压力焊和钎焊,依据其工艺特点又可将每一类分成若干种不同的焊接方法,如图 1-1 所示。

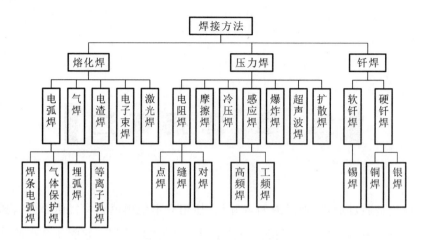

图 1-1 常用的焊接方法

1.2 焊接的特点及应用

当今世界已大量应用焊接方法制造各种金属构件。焊接方法得到普遍的重视并获得迅速发展,它与机械连接法(如铆接、螺栓连接等)相比具有以下特点。

(1) 焊接质量好。焊缝具有良好的力学性能,能耐高温、高压、低温,并具有良好的气密性、导电性、耐腐蚀性和耐磨性等;焊接结构刚性大、整体性好。

(2) 焊接适用性强。焊接可以较方便地将不同形状与厚度的型材相连接;可以制成双金属结构,可以实现铸-焊结合件、锻-焊结合件、冲压-焊结合件,以及铸-锻-焊结合件等;焊接工作场地不受限制,可在场内、场外进行施工。

(3) 省工省料、成本低、生产率高。采用焊接连接金属,一般比铆接节省金属材料 10%~20%。焊接加工快、工时少、劳动条件较好、生产周期短,易于实现机械化和自动化生产。

(4) 焊接设备投资少。焊接生产不需要大型、贵重的设备,因此投产快、效率高,同时更换产品灵活方便,并能较快地组织不同批量、不同结构件的生产。

焊接也存在一些问题,例如焊后零件不可拆,更换修理不方便;如果焊接工艺不当,焊接接头的组织和性能会变差;焊后工件存在残余应力和变形,影响了产品质量和安全性；容易形成各种焊接缺陷，如应力集中、裂纹、脆断等。但只要合理地选用材料、合理地选择焊接工艺规范，进行严格的科学管理，精心操作，就可以将焊接问题及缺陷的严重程度和危害性降到最低，保证焊件结构的质量和使用寿命。

1.3　熔化焊的焊接接头

　　两焊件的连接处为焊接接头，简称接头，如图1-2所示。被焊工件的材料称为母材，或称基本金属。焊接中，母材局部受热熔化形成熔池，熔池不断移动并冷却后，形成焊缝；焊缝两侧部分母材受焊接加热的影响而引起金属内部组织和力学性能变化的区域，称为焊接热影响区；焊缝边缘与母材交接的过渡区，其加热温度处于固相线和液相线之间，母材部分熔化，此区域称为熔合区，也称为半熔化区。因此，焊接接头是由焊缝、熔合区和热影响区三部分组成。

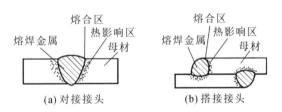

(a) 对接接头　　　　(b) 搭接接头

图1-2　熔化焊焊接接头的组成

　　焊缝各部分的名称如图1-3所示。焊缝高出母材表面的高度叫堆高（余高）；熔化的宽度，即冷却凝固后的焊缝宽度，称为熔宽；母材熔化的深度叫熔深。

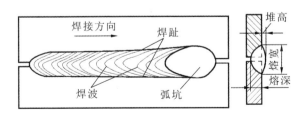

图1-3　焊缝各部分名称

第2章 焊条电弧焊

电弧焊是熔化焊中最基本的焊接方法，也是各种焊接方法中应用最普遍的焊接方法，其中最简单、最常见的是用手工操作电焊条进行焊接的电弧焊，称为焊条电弧焊。焊条电弧焊的设备简单、操作方便灵活、适应性强，适用于厚度在 2 mm 以上的各种金属材料和各种形状结构的焊接，尤其适用于结构形状复杂、焊缝短或弯曲的焊件和焊缝处于不同空间位置的焊件的焊接。焊条电弧焊的主要缺点是焊接质量不够稳定，生产效率较低，对操作者的技术水平要求较高。

2.1 焊条电弧焊的焊接过程

焊接安全规则讲解

首先，将电焊机的输出端两极分别与焊件和焊钳连接，如图 2-1 所示，再用焊钳夹持电焊条。焊接时在焊条与焊件之间引出电弧，高温电弧将焊条端头与焊件局部熔化而形成熔池。然后，熔池迅速冷却、凝固形成焊缝，使分离的两块焊件牢固地连接成一整体。焊条的药皮熔化后形成熔渣覆盖在熔池上，熔渣冷却后形成渣壳对焊缝起保护作用，最后将渣壳清除掉，接头的焊接工作便完成了。

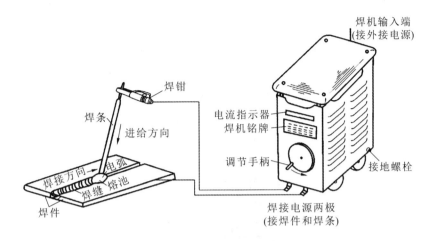

图 2-1　焊条电弧焊示意图

2.2　焊条电弧焊设备

　　焊条电弧焊的主要设备是弧焊机,俗称电焊机或焊机。电焊机是产生焊接电弧的电源,现介绍国内广泛使用的几种弧焊机。

1. 交流弧焊机

BX1-315 型交流弧焊机如图 2-2 所示,其型号的含义如图 2-3 所示。

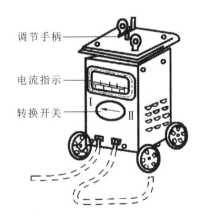

图 2-2　BX1-315 型交流弧焊机

图 2-3　BX1-315 型交流弧焊机型号含义

2. 直流弧焊机

直流弧焊机是给焊接提供直流电的电源设备,图 2-4 所示为 ZXG-300 型直流弧焊机,其输出端有固定的正负之分。由于电流方向不随时间的变化而变化,因此直流弧焊机的电弧燃烧稳定,运行使用可靠,有利于掌握和提高焊接质量。

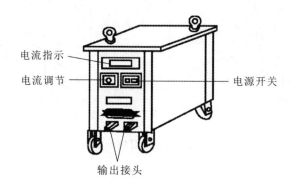

图 2-4 ZXG-300 型直流弧焊机

使用直流弧焊机时,其输出端有固定的极性,即有确定的正极和负极,因此焊接导线的连接有两种接法,如图 2-5 所示。

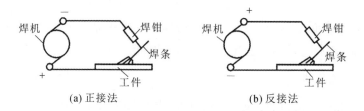

图 2-5 直流电弧焊的正接与反接

(1) 正接法:工件接直流弧焊机的正极,电焊条接负极;

(2) 反接法:工件接直流弧焊机的负极,电焊条接正极。

导线的连接方式不同,其焊接的效果会有差别,在生产中可根据焊条的性质或焊件所需热量情况来选用不同的接法。在使用酸性焊条时,焊接较厚的钢板采用正接法,因局部加热熔化所需的热量比较多,而电弧阳极区的温度高于阴极区的温度,可加快母材的熔化,以增加熔深,保证焊缝根部熔透;焊接较薄的钢板或铸铁、高碳钢及有色合金等材料则采用反接法,因为不需要强烈的加热,以防烧穿薄钢板。当使用碱性焊条时,按规定均应采用直流反接法,以保证电弧燃烧稳定。

2.3　焊条电弧焊工具

常用的焊条电弧焊工具有焊钳、面罩、清渣锤、钢丝刷等,如图 2-6 所示,另外还有焊接电缆和劳动保护用品。

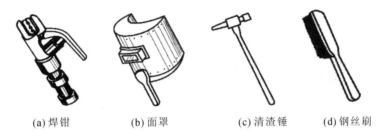

　　(a) 焊钳　　　　　(b) 面罩　　　　(c) 清渣锤　　　(d) 钢丝刷

图 2-6　焊条电弧焊工具

(1) 焊钳:用来夹持焊条和传导电流的工具,常用的规格有 300 A 和 500 A 两种。

(2) 面罩:用来保护眼睛和面部免受弧光伤害及金属飞溅的一种遮蔽工具,有手持式和头盔式两种。面罩观察窗上装有有色化学玻璃,可过滤紫外线和红外线,在电弧燃烧时操作者能通过观察窗观察电弧燃烧情况和熔池情况,以便于操作。

(3) 清渣锤(尖头锤):用来清除焊缝表面的渣壳。

(4) 钢丝刷:在焊接之前,用来清除焊件接头处的污垢和锈迹;焊接之后,用来清刷焊缝表面焊渣及飞溅物。

(5) 焊接电缆:常采用多股细铜线电缆,一般可选用 YHH 型电焊橡皮套电缆或 THHR 型电焊橡皮套特软电缆。焊钳与焊机之间用一根电缆连接,称此电缆为把线(火线)。焊机与工件之间用另一根电缆(地线)连接。焊钳外部用绝缘材料制成,具有绝缘和绝热的作用。

2.4 电 焊 条

电焊条(简称焊条)是涂有药皮的供焊条电弧焊用的熔化电极。

1. 焊条的组成及作用

焊条由焊芯和药皮两部分组成,如图 2-7 所示。

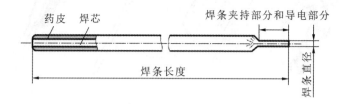

图 2-7 电焊条结构图

(1)焊芯。

焊芯是焊条内被药皮包覆的金属丝。它的作用如下:

① 起到电极的作用,即传导电流,产生电弧;

② 形成焊缝金属。焊芯熔化后,其液滴过渡到熔池中作为填充金属,并与熔化的母材熔合,然后经冷凝成为焊缝金属。

为了保证焊缝金属具有良好的塑性、韧度和减轻产生裂纹的倾向,焊芯是经特殊冶炼的焊条钢拉拔而制成的,它与普通钢材的主要区别在于具有低碳、低硫和低磷的特点。

焊芯牌号的标法与普通钢材的标法基本相同,如常用的焊芯牌号有 H08、H08A、H08SiMn 等。在这些牌号中,"H"是"焊"字汉语拼音首字母,表示焊接用实芯焊丝;其后的数字表示碳的质量分数,如"08"表示碳的质量分数为 0.08%;再其后则表示质量等级和所含化学元素,如"A"(读音为"高")表示含硫、磷较低的高级优质钢,又如"SiMn"表示元素硅与锰的含量均小于 1%,含量大于 1% 的元素则标出数字。

焊条的直径是焊条规格的主要参数,它是由焊芯的直径来表示的。常用的焊条直径为 2~5.8 mm,长度为 250~450 mm。一般细焊条较短,粗焊条则较长。表 2-1 是其部分规格。

表 2-1　焊条直径和长度规格　　　　（单位：mm）

焊条直径	2.0	2.5	3.2	4.0	5.0	5.8
焊条长度	250	250	350	350	400	400
				400		
	300	300	400	450	450	450

（2）药皮。

药皮是压涂在焊芯上的涂料层。它由多种矿石粉、有机物粉、铁合金粉和黏结剂等原料按一定比例配制而成。由于药皮内有稳弧剂、造气剂和造渣剂等（见表 2-2），因此药皮具有如下主要作用。

① 稳定电弧：药皮中某些成分可促使气体粒子电离，从而使电弧容易引燃，并稳定燃烧和减少熔滴飞溅等。

② 保护熔池：在高温电弧的作用下，药皮分解产生大量的气体和熔渣，防止熔滴和熔池金属与空气接触。熔渣凝固后形成渣壳覆盖在焊缝表面上，防止高温焊缝金属被氧化，同时可减缓焊缝金属的冷却速度。

③ 改善焊缝质量：通过熔池中的冶金反应进行脱氧、去硫、去磷、去氢等，去除有害杂质，并补充被烧损的有益合金元素。

表 2-2　焊条药皮原料及作用

原料种类	原料名称	作用
稳弧剂	K_2CO_3、Na_2CO_3、长石、大理石（$CaCO_3$）、钛白粉等	改善引弧性，提高稳弧性
造气剂	大理石、淀粉、纤维素等	产生气体，保护熔池和熔滴
造渣剂	大理石、萤石、菱苦土、长石、钛铁矿、锰矿等	产生熔渣，保护熔池和焊缝
脱氧剂	锰铁、硅铁、钛铁等	使熔化的金属脱氧
合金剂	锰铁、硅铁、钛铁等合金剂	使焊缝获得必要的合金成分
黏结剂	钾水玻璃、钠水玻璃	将药皮牢固地黏在焊芯上

2. 焊条的分类、型号及牌号

（1）焊条的分类。

焊条的品种繁多,有如下分类方法。

① 按用途分类:根据国家标准可分为七大类,即碳钢焊条、低合金钢焊条、不锈钢焊条、堆焊焊条、铸铁焊条、铜及铜合金焊条和铝及铝合金焊条,其中碳钢焊条使用最为广泛。

② 按药皮熔化成的熔渣化学性质分类:分为酸性焊条和碱性焊条两大类。药皮熔渣中以酸性氧化物(如 SiO_2、TiO_2、Fe_2O_3)为主的焊条称为酸性焊条。药皮熔渣中以碱性氧化物(如 CaO、FeO、MnO、MgO)为主的焊条称为碱性焊条。在碳钢焊条和低合金钢焊条中,低氢型焊条(包括低氢钠型、低氢钾型和铁粉低氢型)是碱性焊条,其他涂料的焊条均属酸性焊条。

酸性焊条具有良好的焊接工艺性,电弧稳定,对铁锈、油脂和水分等不易产生气孔,脱渣容易,焊缝美观,可使用交流或直流电源,应用较为广泛。但酸性焊条氧化性强,合金元素易烧损,脱硫、脱磷能力也差,因此焊缝塑性、韧性和抗裂性能不高,适用于一般低碳钢和相应强度的结构钢的焊接。

碱性焊条氧化性弱,脱硫、脱磷能力强,所以焊缝塑性、韧性高,扩散氢含量低,抗裂性能强,其焊缝接头的力学性能较使用酸性焊条的焊缝要好;但碱性焊条的焊接工艺性较差,仅适用于直流弧焊机,对铁锈、水、油污的敏感性强,焊件易产生气孔,焊接时产生有毒气体和烟尘多,应注意通风。

③ 按焊接工艺及冶金性能要求、焊条的药皮类型来分类:可分为十大类,如氧化钛型、钛钙型、低氢钾型、低氢钠型等。

(2) 焊条的型号。

焊条型号是由国家标准化管理委员会及国际标准化组织(ISO)制定,反映焊条主要特性的一种表示方法。根据《非合金钢及细晶粒钢焊条》(GB/T 5117—2012)等的规定,焊条型号编制方法为:字母"E"(英文字母)表示焊条;E后的前两位数字表示熔敷金属抗拉强度的最小值,单位为 MPa;第三位数字表示焊条的焊接位置,"0"及"1"则表示焊条适用于全位置焊接(即可进行平、立、仰、横焊),"2"表示焊条适用于平焊及平角焊,"4"表示焊条适用于向下立焊;第三位和第四位数字的组合则表示药皮类型及焊接电流种类,如"03"表示钛钙型药皮、交直流正反接,"15"表示低氢钠型、直流反接。现举例说明,焊条型号"E4315"的含义如图 2-8 所示。

(3) 焊条的牌号。

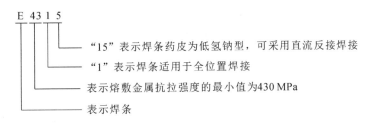

图 2-8　焊条型号"E4315"的含义

除国家标准中的焊条型号外,考虑到国内各行业对原机械工业部部标的焊条牌号印象较深,因此仍保留了原焊条十大类的牌号名称,其编制方法为:用每类电焊条的特征汉字拼音的第一个字母大写表示该焊条的类别,如 J(或"结")代表结构钢焊条(包括碳钢和低合金钢焊条),A 代表奥氏体铬镍不锈钢焊条,等等;特征字母后面有三位数字,其中前两位数字在不同类别焊条中的含义是不同的,对于结构钢焊条而言,此两位数字表示焊缝金属最低的抗拉强度,单位是 kgf/mm²(1 kgf/mm² = 9.81 MPa);第三位数字均表示焊条药皮类型和焊接电源要求。现举例说明,焊条牌号"J422"的含义如图 2-9 所示。

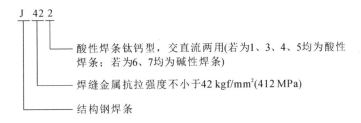

图 2-9　焊条牌号"J422"的含义

两种常用碳钢焊条型号及其相应的原牌号如表 2-3 所示。

表 2-3　两种常用碳钢焊条

型号	原牌号	药皮类型	焊接位置	焊接电源要求
E4303	J422	钛钙型	全位置	交流、直流
E5015	J507	低氢钠型	全位置	直流反接

应尽快将"焊条牌号"过渡到国家标准的"焊条型号"。若生产厂商仍以"焊条牌号"标注,则必须在牌号的边上标明所属的"焊条型号",如焊条牌号 J422(符合 GB/T 5117—2012 E4303 型)。焊条型号与焊条牌号的关系如表 2-4

所示。

表 2-4　焊条型号与焊条牌号的关系

型号			牌号			
焊条大类（按化学成分分类）			焊条大类（按用途分类）			
国家标准编号	名　称	代号	类别	名　称	代号	
					字母	汉字
GB/T 5117—2012	非合金钢及细晶粒钢焊条	E	一	结构钢焊条	J	结
GB/T 5118—2012	热强钢焊条	E	一	结构钢焊条	J	结
			二	钼和铬钼耐热钢焊条	R	热
			三	低温钢焊条	W	温
GB/T 983—2012	不锈钢焊条	E	四	不锈钢焊条	G	铬
					A	奥
GB/T 984—2001	堆焊焊条	ED	五	堆焊焊条	D	堆
—	—	—	六	铸铁焊条	Z	铸
—	—	—	七	镍及镍合金焊条	Ni	镍
GB/T 3670—2021	铜及铜合金焊条	TCu	八	铜及铜合金焊条	T	铜
GB/T 3669—2001	铝及铝合金焊条	TAl	九	铝及铝合金焊条	L	铝
—	—	—	十	特殊用途焊条	TS	特

3. 焊条的选用

焊条的种类与牌号很多,选用得是否恰当将直接影响焊接质量、生产率和产品成本。焊条选用时应考虑下列原则。

(1) 根据焊件的金属材料种类选用相应的焊条种类。例如,焊接碳钢或普通低合金钢,应选用结构钢焊条;焊接不锈钢或耐热钢等有特殊性能要求的钢材,应选用相应的专用焊条,以保证焊缝金属的主要化学成分和性能与母材相同。

(2) 焊缝金属要与母材等强度,可根据钢材强度等级来选用相应强度等级的焊条。对于异种钢焊接,应选用与强度等级低的钢材相适应的焊条。

(3) 同一强度等级的酸性焊条或碱性焊条的选用,主要考虑焊件的结构形状、钢材厚度、载荷性能、钢材抗裂性等因素。例如,对于结构形状复杂、厚度大的焊件,因其刚性大,焊接过程中有较大的内应力,容易产生裂纹,应选用抗裂性好的低氢型焊条;当母材中碳、硫、磷等元素含量较高时,也应选用低氢型焊条;承受动载荷或冲击载荷的焊件应选择强度足够大、塑性和韧性较高的低氢焊条;焊件受力不复杂,母材质量较好、含碳量低,应尽量选用较经济的酸性焊条。

(4) 焊条工艺性能要满足施焊操作需要,如在非水平位置焊接时,应选用适合于各种位置焊接的焊条。

常见结构钢焊条的选用方法如表 2-5 所示,碳钢焊条的应用如表 2-6 所示。

表 2-5　常见结构钢焊条的选用

钢种	钢号	一般结构	承受动载荷、受力复杂和厚板结构的受压容器
低碳钢	Q235、Q255、08、10、15、20	J422、J423、J424、J425	J426、J427
	Q275、20、30	J502、J503	J506、J507
普低钢	09Mn2、09MnV	J422、J423	J426、J427
	16Mn、16MnCu	J502、J503	J506、J507
	15MnV、15MnTi	J506、J556、J507、J557	J506、J556、J507、J557
	15MnVN	J556、J557、J606、J607	J556、J557、J606、J607

表 2-6　常见碳钢焊条的应用

牌号	型号(国家标准)	药皮类型	焊接位置	电流	主要用途
J422GM	E4303	钛钙型	全位置	交流、直流	焊接海上平台、船舶、车辆、加工机械等表面装饰焊缝
J422	E4303	钛钙型	全位置	交流、直流	焊接较重要的低碳钢结构和相同强度等级的低合金钢
J426	E4316	低氢钾型	全位置	交流、直流	焊接重要的低碳钢及某些低合金钢结构

续表

牌号	型号 (国家标准)	药皮类型	焊接位置	电流	主要用途
J427	E4315	低氢钠型	全位置	直流	焊接重要的低碳钢及某些低合金钢结构
J502	E5003	钛钙型	全位置	交流、直流	焊接 16Mn 及相同强度等级低合金钢的一般结构
502Fe	E5014	铁粉钛钙型	全位置	交流、直流	焊接合金钢的一般结构
J506	E5016	铁粉钛钙型	全位置	交流、直流	焊接中碳钢及某些重要的低合金钢(如 16Mn)结构
J507	E5015	低氢钠型	全位置	直流	焊接中碳钢及 16Mn 等低合金钢重要结构
J507R	E5015-G	低氢钠型	全位置	直流	焊接压力容器

2.5　焊条电弧焊工艺

1. 焊接接头形式与焊缝坡口形式

（1）焊接接头形式。

焊缝的形式是由焊接接头的形式来决定的。根据焊件厚度、结构形状和使用条件的不同,最基本的焊接接头形式有对接接头、搭接接头、角接接头、T 形接头,如图 2-10 所示。

对接接头受力比较均匀,使用最多,重要的受力焊缝应尽量选用对接接头。

（2）焊缝坡口形式。

焊接前把两焊件间的待焊处加工成所需的几何形状的沟槽称为坡口。坡口的作用是保证电弧能深入焊缝根部,使根部能焊透,便于清除熔渣,以获得较好的焊缝形状和焊缝质量。坡口加工称为开坡口,常用的坡口加工方法有刨

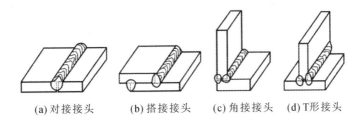

(a) 对接接头　　(b) 搭接接头　　(c) 角接接头　　(d) T形接头

图 2-10　焊接接头形式

削、车削和乙炔火焰切割等。

坡口形式应根据被焊件的结构、厚度、焊接方法、焊接位置和焊接工艺等进行选择,同时还应考虑能否保证焊缝焊透、是否容易加工、是否节省焊条、是否减小焊后变形以及提高劳动生产率等问题。

坡口包括斜边和钝边,为了便于施焊和防止焊穿,坡口的下部都要留有 2 mm 的直边,称为钝边。

对接接头的坡口形式有 I 形、Y 形、双 Y 形(X 形)、U 形和双 U 形,如图 2-11 所示。

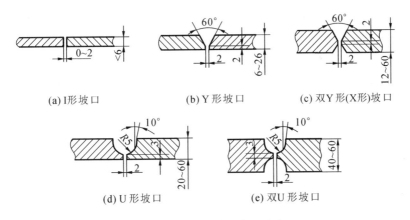

(a) I形坡口　　　　(b) Y形坡口　　　　(c) 双Y形(X形)坡口

(d) U形坡口　　　　　(e) 双U形坡口

图 2-11　对接接头的坡口形式

焊件厚度小于 6 mm 时,采用 I 形坡口,如图 2-11(a)所示,不需开坡口,在接缝处留出 0~2 mm 的间隙即可。焊件厚度大于 6 mm 时,应开坡口,其形式如图 2-11(b)~(e)所示,其中 Y 形坡口加工方便;双 Y 形坡口的焊缝对称,焊接应力与变形小;U 形坡口容易焊透,焊件变形小,用于焊接锅炉、高压容器等重要厚壁焊件;在板厚相同的情况下,双 Y 形和 U 形坡口的加工比较费时。

对于 I 形、Y 形、U 形坡口，采取单面焊或双面焊均可焊透，如图 2-12 所示。当焊件一定要焊透时，在条件允许的情况下，应尽量采用双面焊，因为它能保证焊透。

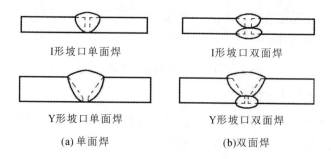

I形坡口单面焊　　　　I形坡口双面焊

Y形坡口单面焊　　　　Y形坡口双面焊

(a) 单面焊　　　　　　(b)双面焊

图 2-12　单面焊和双面焊

工件较厚时，要采用多层焊才能焊满坡口，如图 2-13 所示。多层焊时，要保证焊缝根部焊透。第一层焊道应采用直径为 3～4 mm 的焊条，以后各层可根据焊件厚度，选用较大直径的焊条。每焊完一道后，必须仔细检查、清理，才能施焊下一道，以防止产生夹渣、未焊透等缺陷。焊接层数应以每层厚度小于 4～5 mm 的原则确定。当每层厚度与焊条直径的比值为 0.8～1.2 时，生产率较高。

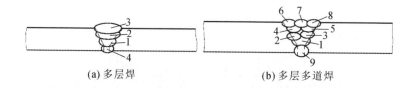

(a) 多层焊　　　　　　(b) 多层多道焊

图 2-13　对接 Y 形坡口的多层焊

2. 焊接位置

熔化焊时，焊件接缝所处的空间位置，称为焊接位置。焊接位置有平焊、立焊、横焊和仰焊四种，如图 2-14 所示。

焊接位置对施焊的难易程度影响很大，从而也影响了焊接质量和生产率。其中，平焊位置操作方便，劳动强度小，熔化金属不会外流，飞溅较少，易于保证焊接质量，是最理想的操作空间位置，应尽可能采用；立焊和横焊位置熔化金属有下流倾向，不易操作；而仰焊位置最差，操作难度大，不易保证焊接质量。典型工字梁的焊缝空间位置如图 2-15 所示。

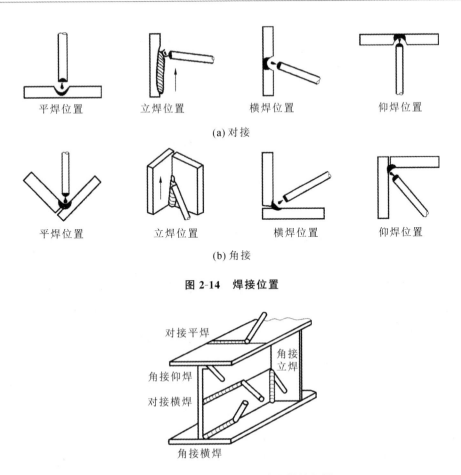

图 2-14　焊接位置

图 2-15　工字梁的接头形式和焊接位置

3. 焊接工艺参数

焊接工艺参数是为获得质量优良的焊接接头而选定的物理量的总称。焊接工艺参数有焊接电流、焊条直径、焊接速度、焊弧长度和焊接层数等。焊接工艺参数选择的合理性,对焊接质量和生产率都有很大影响,其中焊接电流的选择最重要。

(1) 焊条直径与焊接电流的选择。

焊条电弧焊工艺参数的选择一般是先根据工件厚度选择焊条直径,然后根据焊条直径选择焊接电流。焊条直径应根据工件厚度、接头形式、焊接位置等来选择。在立焊、横焊和仰焊时,焊条直径不得超过 4 mm,以免熔池过大,使熔化金属和熔渣下流。平板对接时焊条直径的选择可参考表 2-7。

表 2-7　焊条直径的选择　　　　　　　　　　　　　（单位：mm）

钢板厚度	≤1.5	2.0	3	4～7	8～12	≥13
焊条直径	1.6	1.6～2.0	2.5～3.2	3.2～4.0	4.0～4.5	4.0～5.8

各种焊条直径常用的焊接电流范围可参考表 2-8。

表 2-8　焊接电流的选择

焊条直径/mm	1.6	2.0	2.5	3.2	4.0	5.0	5.8
焊接电流/A	25～40	40～70	70～90	100～130	160～200	200～270	260～300

（2）焊接速度的选择。

焊接速度是指单位时间内所完成的焊缝长度。它对焊缝质量影响也很大。焊接速度由焊工凭经验掌握，在保证焊透和焊缝质量的前提下，应尽量快速施焊。工件越薄，焊速应越高。图 2-16 展示了焊接电流、焊接速度和弧长对焊缝形状的影响。其中，图 2-16（a）所示焊缝形状规则，焊波均匀并呈椭圆形，焊缝各部分尺寸符合要求，说明焊接电流和焊接速度选择合适；图 2-16（b）所示焊缝焊波呈圆形，堆高增大而熔深减小，表明焊接电流太小，电弧不易引出，燃烧不稳定，弧声变弱；图 2-16（c）所示焊缝焊波变尖，熔宽和熔深都增加，表明焊接电流太大，焊接时弧声强，飞溅增多，焊条往往变得红热，焊薄板时易烧穿；图 2-16（d）所示焊缝焊波变圆且堆高、熔宽和熔深都增加，表明焊接速度太慢，焊薄板时可能会烧穿；图 2-16（e）所示焊缝形状不规则且堆高较大，焊波变尖，熔宽和熔深都小，说明焊接速度过快。

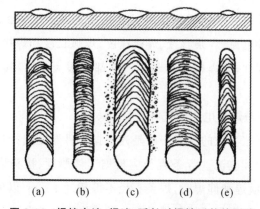

(a)　　　(b)　　　(c)　　　(d)　　　(e)

图 2-16　焊接电流、焊速、弧长对焊缝形状的影响

（3）焊弧长度的选择。

电弧过长，燃烧不稳定，熔深减小，空气易侵入熔池产生缺陷。电弧长度超过焊条直径者为长弧，反之为短弧。因此，操作时尽量采用短弧才能保证焊接质量，即弧长 $L=(0.5\sim1)d$（d 为焊条直径，单位为 mm），一般多为 2~4 mm。

2.6　焊条电弧焊的基本操作

1. 焊接接头的清理

焊接前接头处应除尽铁锈、油污，以便于引弧、稳弧和保证焊缝质量。除锈要求不高时，可用钢丝刷；要求高时，应采用砂轮打磨。

2. 操作姿势

焊条电弧焊的操作姿势如图 2-17 所示。以对接接头和 T 形接头从左向右进行平焊操作为例（见图 2-17(a)），操作者应位于焊缝前进方向的右侧；左手持面罩，右手握焊钳；左肘放在左膝上，以控制身体上部不做向下跟进动作；大臂必须离开肋部，不要有依托，应伸展自由。

(a) 平焊　　　　　　　　　(b) 立焊

图 2-17　焊接时的操作姿势

3. 引弧

引弧就是使焊条与焊件之间产生稳定的电弧，以加热焊条和焊件而进行焊接。常用的引弧方法有划擦法和敲击法两种，如图 2-18 所示。焊接时将焊条端部与焊件表面通过划擦或轻敲接触，形成短路，然后迅速将焊条提起 2~4 mm

距离,电弧即被引燃。若焊条提起距离太高,则电弧立即熄灭;若焊条与焊件接触时间太长,就会黏条,产生短路,这时可左右摆动以拉开焊条重新引弧,或松开焊钳,切断电源,待焊条冷却后再作处理;若焊条与焊件经接触而未起弧,往往是焊条端部有药皮等妨碍了导电,这时可重击几下,将这些绝缘物清除,直到露出焊芯金属表面。

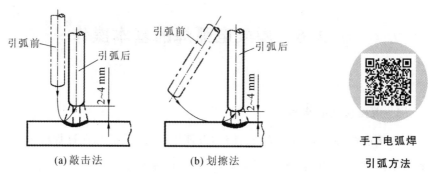

(a) 敲击法   (b) 划擦法

手工电弧焊
引弧方法

图 2-18　引弧方法

4. 焊接的点固

为了固定两焊件的相对位置,以便施焊,在焊接装配时,每隔一定距离焊上30~40 mm 长的短焊缝,使焊件相对位置固定,称为点固,或称为定位焊,如图2-19 所示。

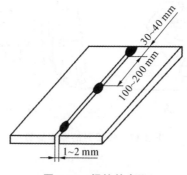

图 2-19　焊接的点固

5. 运条

焊条的操作运动简称运条。焊条的操作运动实际上是一种合成运动,即焊条同时完成三个基本方向的运动,包括焊条沿焊接方向的移动、焊条向熔池方向的送进运动、焊条的横向摆动,如图 2-20 所示。

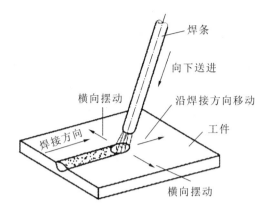

图 2-20　焊条的三个基本运动方向

(1) 焊条沿焊接方向的前移运动:其移动的速度称为焊接速度。握持焊条前移时,首先应掌握好焊条与焊件之间的角度。各种焊接接头在空间的位置不同,其角度有所不同。平焊时,焊条与前进方向间的夹角为 70°~80°,如图 2-21所示。此夹角影响填充金属的熔敷状态、熔化的均匀性及焊缝外形,能避免咬边与夹渣,有利于气流吹动熔渣覆盖焊缝表面,对焊件有预热和提高焊接速度等作用。

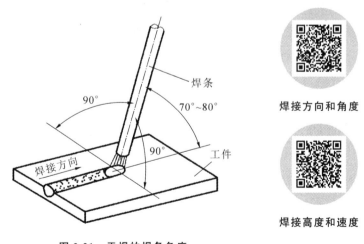

焊接方向和角度

焊接高度和速度

图 2-21　平焊的焊条角度

(2) 焊条的送进运动:沿焊条的轴线向焊件方向的下移运动。维持电弧靠的是焊条的均匀送进运动,以逐渐补偿焊条端部的熔化部分。送进运动应使电弧保持适当长度,以便稳定燃烧。

（3）焊条的横向摆动:焊条在焊缝宽度方向上的横向运动,其目的是加宽焊缝,并使接头达到足够的熔深,同时可延缓熔池金属的冷却结晶时间,有利于熔渣和气体浮出。焊缝的宽度和深度之比称为宽深比,窄而深的焊缝易出现夹渣和气孔。焊条电弧焊的宽深比为 2～3。焊条摆动幅度越大,焊缝就越宽。焊接薄板时,不必摆动过大,有时直线运动即可,这时焊缝宽度与焊条直径的比值为 0.8～1.5;焊接较厚的焊件时,需摆动运条,焊缝宽度可达焊条直径的 3～5 倍。

根据焊缝空间位置的不同,几种简单的横向摆动方式和常用的焊接走势如图 2-22 所示。

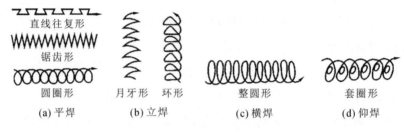

图 2-22　常用的运条方法

综上所述,引弧后应按三个运动方向正确运条。对接接头平焊的操作要领,主要是掌握好"三度":焊条角度、电弧长度和焊接速度。

（1）焊接角度:如图 2-21 所示,焊条应向前倾斜 70°～80°。

（2）电弧长度:一般合理的电弧长度约等于焊条直径。

（3）焊接速度:合适的焊接速度应使所得焊道的熔宽约等于焊条直径的两倍,其表面平整、波纹细密。焊速太高时焊道窄而高,波纹粗糙,熔合不良;焊速太低时,熔宽过大,焊件容易被烧穿。

同时,注意电流要合适,焊条要对正,电弧要低,焊速不要快,力求均匀。

6. 灭弧(熄弧)

在焊接过程中,电弧的熄灭是不可避免的。灭弧不好,会形成很浅的熔池,使焊缝金属的密度和强度差,因此最易形成裂纹、气孔和夹渣等缺陷。灭弧时将焊条端部逐渐往坡口斜角方向拉,同时逐渐抬高电弧,以缩小熔池,减少金属量及热量,使灭弧处不致产生裂纹、气孔等缺陷。灭弧时堆高弧坑的焊缝金属,使熔池饱满地过渡,焊好后,锉去或铲去多余部分。灭弧操作方法有多种,如图

2-23 所示。如图 2-23(a)所示,将焊条运条至接头的尾部,焊成稍薄的熔敷金属,将焊条运条方向反过来,然后将焊条拉起来灭弧;如图 2-23(b)所示,将焊条握住不动一定时间,填好弧坑然后拉起来灭弧。

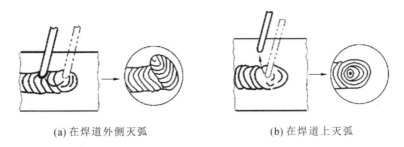

(a) 在焊道外侧灭弧　　　　　　　　(b) 在焊道上灭弧

图 2-23　灭弧

7. 焊缝的起头、连接和收尾

(1) 焊缝的起头。

焊缝的起头是指刚开始焊接的部分,如图 2-24 所示。在一般情况下,因为焊件在未焊时温度低,引弧后常不能迅速使温度升高,所以这部分熔深较浅,焊缝强度小。为此,应在起弧后先将电弧稍拉长,对端头进行必要的预热,然后适当缩短弧长进行正常焊接。

(2) 焊缝的连接。

焊条电弧焊时,受焊条长度的限制,不可能用一根焊条完成一条焊缝,因而出现了两段焊缝前后连接的问题。焊缝连接时应使后焊的焊缝和先焊的焊缝均匀连接,避免产生连接处过高、脱节和宽窄不一的缺陷。常见的焊接连接如图 2-25 所示。

(3) 焊缝的收尾。

一条焊缝焊完后,应把收尾处的弧坑填满,即焊缝收尾。当一条焊缝收尾时,如果熄弧动作不当,则会形成比母材低的弧坑,从而使焊缝强度降低并形成裂纹。碱性焊条因熄弧不当而引起的弧坑中常伴有气孔,所以不允许有弧坑出现。因此,必须正确掌握焊段收尾方法,一般收尾方法有如下几种。

① 画圈收尾法:如图 2-26(a)所示,电弧在焊段收尾处做圆圈运动,直到弧坑填满后再慢慢提起焊条熄弧。此方法最宜用于厚板焊接,若用于薄板焊接,则易烧穿。

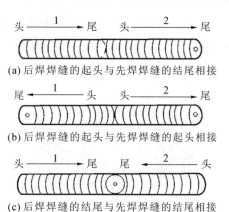

(a) 后焊焊缝的起头与先焊焊缝的结尾相接

(b) 后焊焊缝的起头与先焊焊缝的起头相接

(c) 后焊焊缝的结尾与先焊焊缝的结尾相接

图 2-25　焊缝连接

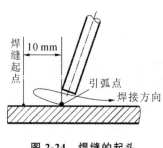

图 2-24　焊缝的起头

② 反复断弧收尾法:在焊段收尾处较短时间内,反复熄弧和引弧数次,直到弧坑填满,如图 2-26(b)所示。此方法多用于薄板焊接和多层焊的底层焊中。

③ 回焊收尾法:电弧在焊段收尾处停住,同时改变焊条的方向,如图 2-26(c)所示,由位置 1 移至位置 2,待弧坑填满后,再稍稍后移至位置 3,然后慢慢拉断电弧。此方法对碱性焊条较为适宜。

(a)画圈收尾法　　(b)反复断弧收尾法　　(c)回焊收尾法

图 2-26　焊段收尾方法

8. 焊件清理

焊后用钢丝刷等工具将焊渣和飞溅物清理干净。

第3章 焊接质量

3.1 焊接质量要求

焊接质量一般包括焊缝的外形尺寸、焊缝的连续性和焊缝性能三个方面。

一般对焊缝外形和尺寸的要求是：焊缝与母材金属之间应平滑过渡，以减少应力集中；没有烧穿、未焊透等缺陷；焊缝的余高为 0～3mm，不应太大；焊缝的宽度、余高等尺寸都要符合国家标准或符合图纸要求。

焊缝的连续性是指焊缝中是否有裂纹、气孔与缩孔、夹渣、未熔合与未焊透等缺陷。

焊缝性能是指焊接接头的力学性能及其他性能（如耐蚀性等），应符合图纸的技术要求。

3.2 常见的焊接缺陷

常见焊接缺陷产生的原因及防止措施见表 3-1。

表 3-1　常见焊接缺陷产生的原因及防止措施

缺陷名称	缺陷简图	缺陷特征	产生原因	防止措施
尺寸和外形不符合要求	焊缝高低不平，宽度不齐，波形粗劣 余高过大或过小	焊波粗劣，焊缝宽度不齐,高低不平	1. 运条不当； 2. 焊接工艺规范、坡口尺寸选择不当	选择恰当的坡口尺寸、装配间隙及焊接工艺规范，熟练掌握操作技术
咬边	咬边 咬边	焊件和焊缝交界处，在焊件一侧上产生凹槽	1. 焊条角度和摆动不正确； 2. 焊接电流过大,焊接速度太快	选择正确的焊接电流和焊接速度,掌握正确的运条方法,采用合适的焊条角度和弧长
焊瘤	焊瘤	熔化金属流淌到焊缝之外的母材上而形成的金属瘤	1. 焊接电流太大,电弧太长,焊接速度太慢； 2. 焊接位置及运条不当	尽可能采用平焊,正确选择焊接工艺规范,正确掌握运条方法
烧穿	烧穿	液态金属从焊缝反面漏出而形成穿孔	1. 坡口间隙太大； 2. 电流太大或焊速太慢； 3. 操作不当	选择合理的焊接工艺规范,正确选用坡口形式、尺寸和间隙,加强清理,正确操作
未焊透	未焊透	母材与母材之间，或母材与熔敷金属之间尚未熔合，如根部未焊透、边缘未焊透及层间未焊透等	1. 焊接速度太快,焊接电流太小； 2. 坡口角度太小,间隙过窄； 3. 焊件坡口不干净	选择合理的焊接工艺规范,正确选用坡口形式、尺寸和间隙,加强清理,正确操作

缺陷名称	缺陷简图	缺陷特征	产生原因	防止措施
夹渣	夹渣	焊后残留在焊缝金属中的宏观非金属夹杂物	1. 前道焊缝熔渣未清除干净； 2. 焊接电流太小，焊速太快； 3. 焊缝表面不干净	多层焊层层清渣，坡口清理干净，正确选择焊接工艺规范
气孔	气孔	熔池中溶入过多的 H_2、N_2 及产生的 CO 气体，凝固时来不及逸出，形成气孔	1. 焊件表面有水、锈、油； 2. 焊条药皮中水分过多； 3. 电弧太长，保护不好，空气侵入； 4. 焊接电流过小，焊速太快	严格清除坡口上的水、锈、油，焊条按要求烘干，正确选择焊接工艺规范
裂纹	裂纹	焊接过程中或焊接完成后，在焊接接头区域出现的金属局部破裂的现象	1. 熔池中含较多的 S、P 等有害元素； 2. 熔池中含较多的氢； 3. 结构刚度大； 4. 接头冷却速度太快	焊前预热，限制原材料中 S、P 的含量，选用低氢型焊条，严格对焊条进行烘干及对焊件表面进行清理

3.3　焊　接　变　形

焊接时，焊件局部受热，温度分布不均匀，会造成变形。焊接变形的主要形式有纵向变形、横向变形、角变形、弯曲变形和翘曲变形等几种，如图 3-1 所示。

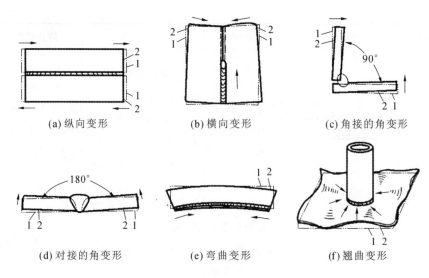

(a) 纵向变形　　(b) 横向变形　　(c) 角接的角变形

(d) 对接的角变形　　(e) 弯曲变形　　(f) 翘曲变形

图 3-1　焊接变形的主要形式

1—原样；2—变形

为减小焊接变形，应采取合理的焊接工艺规范，如正确选择焊接顺序或机械固定方法等。焊接变形可以通过手工矫正、机械矫正和火焰矫正等方法予以解决。

3.4　焊接质量检验

焊接质量检验通常有非破坏性检验和破坏性检验两类方法，非破坏性检验包括如下三种。

（1）外观检验。用肉眼、低倍放大镜或样板等检验焊缝的外形尺寸和表面缺陷，观察是否有裂纹、烧穿、未焊透等缺陷。

（2）密封性检验或耐压试验。对于一般压力容器，如锅炉、化工设备及管道等要进行密封性试验，或根据要求进行耐压试验。耐压试验有水压试验、气压试验、煤油试验等。

（3）无损检测。用磁粉、射线或超声波检验等方法，检验焊缝的内部情况。

破坏性检验包括力学性能试验、金相检验、断口检验和耐压试验等。

第4章 气焊与气割

4.1 气焊的原理、特点和应用

1. 气焊的原理

利用可燃气体与助燃气体混合燃烧后产生的高温火焰对金属材料进行熔化焊的一种方法,称为气焊。如图 4-1 所示,将乙炔和氧气在焊炬中混合均匀后,从焊嘴喷出燃烧火焰,将焊件和焊丝熔化后形成熔池,待冷却凝固后形成焊缝。

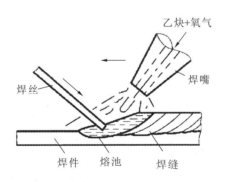

图 4-1 气焊原理图

气焊所用的可燃气体有很多,如乙炔、氢气、液化石油气、煤气等,而最常用的是乙炔。乙炔的发热量大,燃烧温度高,制造方便,使用安全,焊接时火焰对金属的影响最小,火焰温度高达 3100～3300 ℃。氧气作为助燃气,其纯度越高,耗气越少。因此,气焊也常称为氧-乙炔焊。

2. 气焊的特点和应用

(1)火焰对熔池的压力及对焊件的热量输入调节方便,故熔池温度、焊缝形状和尺寸、焊缝背面成形等容易控制。

(2)设备简单,移动方便,操作易掌握,但设备占用生产场地面积较大。

(3)焊炬尺寸小、使用灵活,但气焊热源温度较低,加热缓慢,生产率低,热量分散,热影响区大,焊件有较大的变形,接头质量不高。

(4)气焊适用于各种场合的焊接。适于厚度在 3 mm 以下的低碳钢、高碳钢薄板、铸铁焊补以及铜、铝等有色金属的焊接。在船上无电或电力不足的情况下,气焊能发挥更大的作用,常用气焊火焰对工件、刀具进行淬火处理,对紫铜皮进行回火处理,并用于矫直金属材料和净化工件表面等。此外,由微型氧气瓶和微型溶解乙炔气瓶组成的手提式或肩背式气焊气割装置,在旷野、山顶、高空作业中应用十分方便。

4.2 气焊设备

气焊所用设备及其连接如图 4-2 所示。

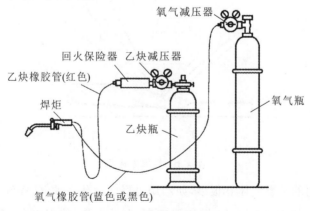

图 4-2 气焊设备及其连接

1. 焊炬

焊炬俗称焊枪,是气焊中的主要设备,它的构造多种多样,但基本原理相同。焊炬是气焊时用于控制气体混合比、流量及火焰并进行焊接的手持工具。焊炬有射吸式和等压式两种,常用的是射吸式焊炬,如图 4-3 所示。射吸式焊炬由主体、手把、乙炔阀门、氧气阀门、射吸管、喷嘴、混合管、焊嘴等组成。它的工作原理是:打开氧气阀门,氧气经射吸管从焊嘴快速射出,并在焊嘴外围形成真空而造成负压(吸力);再打开乙炔阀门,乙炔即聚集在喷嘴的外围;由于氧射流负压的作用,乙炔很快被氧气吸入混合管,并从焊嘴喷出,形成焊接火焰。

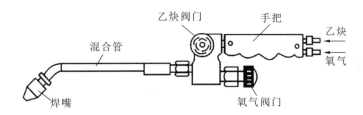

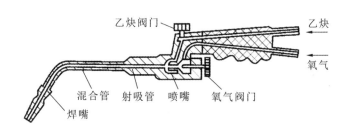

图 4-3　射吸式焊炬外形及内部构造图

射吸式焊炬的型号有 H01-2 和 H01-6 等,H01-2 的含义如图 4-4 所示。

图 4-4　焊炬型号"H01-2"的含义

各型号的焊炬均备有 5 个大小不同的焊嘴,可供焊接不同厚度的工件使用。表 4-1 为 H01 型焊炬的基本参数。

表 4-1 射吸式焊炬型号及其参数

型号	焊接低碳钢厚度/mm	氧气工作压力/MPa	乙炔使用压力/MPa	可换焊嘴个数/个	焊嘴直径/mm				
					1	2	3	4	5
H01-2	0.5～2	0.1～0.25	0.001～0.10	5	0.5	0.6	0.7	0.8	0.9
H01-6	2～6	0.2～0.4			0.9	1.0	1.1	1.2	1.3
H01-12	6～12	0.4～0.7			1.4	1.6	1.8	2.0	2.2
H01-20	12～20	0.6～0.8			2.4	2.6	2.8	3.0	3.2

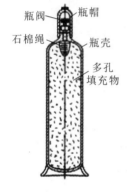

图 4-5 乙炔瓶

2. 乙炔瓶

乙炔瓶是储存溶解乙炔的钢瓶,如图 4-5 所示。在瓶的顶部装有瓶阀供开闭气瓶和装减压器用,并套有瓶帽保护;瓶内装有浸满丙酮的多孔性填充物(如活性炭、木屑、硅藻土等),丙酮对乙炔有良好的溶解能力,可使乙炔安全地储存于瓶内,使用时溶解在丙酮内的乙炔分离出来,通过瓶阀输出,而丙酮仍留在瓶内,以便溶解再次灌入瓶中的乙炔;在瓶阀下面的填充物中心部位的长孔内放有石棉绳,其作用是促使乙炔与填充物分离。

乙炔瓶的外壳漆成白色,用红漆写明"乙炔"字样和"不可近火"字样。乙炔瓶的容量为 40 L,工作压力为 1.5 MPa,而输给焊炬的压力很小,因此,乙炔瓶必须配备减压器,同时还必须配备回火保险器。

乙炔瓶一定要竖立放稳,以免丙酮流出;乙炔瓶要远离火源,防止乙炔受热,因为乙炔温度过高会降低丙酮对乙炔的溶解度,从而使瓶内乙炔压力急剧增高,甚至发生爆炸;乙炔瓶在搬运、装卸、存放和使用时,要防止遭受剧烈的振荡和撞击,以免瓶内的多孔性填料下沉而形成空洞,从而影响乙炔的储存。

3. 回火安全器

回火安全器又称回火防止器或回火保险器,它是装在乙炔减压器和焊炬之间,用来防止火焰沿乙炔管回烧的安全装置。正常气焊时,气体火焰在焊嘴外面燃烧。但当气体压力不足、焊嘴堵塞、焊嘴离焊件太近或焊嘴过热时,气体火焰会进入嘴内逆向燃烧,这种现象称为回火。发生回火时,焊嘴外面的火焰熄灭,同时伴有爆鸣声,随后有"吱、吱"的声音。如果回火火陷蔓延到乙炔瓶,就会发生严重的爆炸事故。因此,发生回火时,回火安全器的作用是使回流的火焰在倒流至乙炔瓶以前被熄灭;同时应先关闭乙炔开关,然后关氧气开关。

图 4-6 为干式回火保险器的工作原理图。干式回火保险器的核心部件是粉末冶金制造的金属止火管。正常工作时,乙炔推开单向阀,经止火管、乙炔橡胶管输往焊炬。产生回火时,高温高压的燃烧气体倒流至回火保险器,由带非直线微孔的止火管吸收了爆炸冲击波,使燃烧气体的扩张速度趋近于零,而通过止火管的混合气体流上顶单向阀,迅速切断乙炔源,有效地防止火焰继续回流,并在金属止火管中熄灭回火的火焰。发生回火后,不必人工复位,焊炬又能继续正常使用。

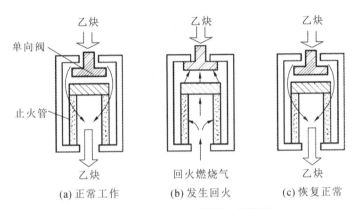

(a) 正常工作　　　(b) 发生回火　　　(c) 恢复正常

图 4-6　干式回火保险器的工作原理

4. 氧气瓶

氧气瓶是一种储存氧气的高压容器钢瓶,如图 4-7 所示。由于氧气瓶要进行搬运、滚动,甚至还要经受振动和冲击等,因此其对材质要求很高,对产品质量要求也十分严格,出厂前要经过严格检验,以确保氧气瓶安全、可靠。氧气瓶是一个圆柱形瓶体,瓶体上有防振圈;瓶体的上端有瓶口,瓶口的内壁和外壁均有螺纹,用来装设瓶阀和瓶帽;瓶体下端还套有一个增强用的钢环圈瓶座,一般为正方形,便于立稳,卧放时也不至于滚动;为了避免腐蚀和产生火花,所有与高压氧气接触的零件都用黄铜制

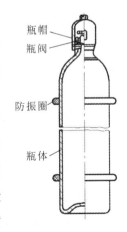

图 4-7　氧气瓶

作;氧气瓶外壳漆成天蓝色,用黑漆标明"氧气"字样。氧气瓶的容积为40 L,储氧最大压力为15 MPa,但提供给焊炬的氧气压力很小,因此氧气瓶必须配备减压器。氧气由于化学性质极为活泼,能与自然界中绝大多数元素化合,与油脂等易燃物接触会剧烈氧化,引起燃烧或爆炸,所以使用氧气时必须注意安全,要远离火源、禁止撞击氧气瓶、严禁瓶上沾染油脂,瓶内氧气不能用完,应留有余量。

5. 减压器

减压器是将高压气体降为低压气体的调节装置,因此,其作用是减压、调压、量压和稳压。气焊时所需的气体工作压力一般都比较低,如氧气压力通常为0.2~0.4 MPa,乙炔压力最高不超过0.15 MPa。因此,必须将氧气瓶和乙炔瓶输出的气体经减压器减压后才能使用,而且可以用减压器调节输出的气体压力。减压器的工作原理如图4-8所示。松开调压手柄(逆时针方向),活门弹簧闭合活门,高压气体就不能进入低压室,即减压器不工作,从气瓶来的高压气体停留在高压室内,高压表量出高压气体的压力,也就是气瓶内气体的压力。拧紧调压手柄(顺时针方向),使调压弹簧压紧低压室内的薄膜,再通过传动件将高压室与低压室通道处的活门顶开,使高压室内的高压气体进入低压室,此时高压气体体积膨胀,气体压力得以降低,低压表可量出低压气体的压力,并使低压气体从出气口通往焊炬。如果低压室气体压力高了,向下的总压力大于调压弹簧向上的力,即压迫薄膜和调压弹簧,使活门开启度逐渐减小,直至达到焊炬工作压力,则活门重新关闭;如果低压室的气体压力低了,向下的总压力小于调压弹簧向上的力,此时薄膜上鼓,使活门重新开启,高压气体又进入低压室,从而增加低压室的气体压力;当活门的开启度恰好使流入低压室的高压气体流量与输出的低压气体流量相等时,即可稳定地进行气焊工作。减压器能自动维持低压气体的压力,通过控制调压手柄的旋入程度来调节调压弹簧的压力,就能调整气焊所需的低压气体压力。

6. 橡胶管

橡胶管是输送气体的管道,分氧气橡胶管和乙炔橡胶管,两者不能混用。国家标准规定:氧气橡胶管为蓝色或黑色,乙炔橡胶管为红色。氧气橡胶管的内径为8 mm,工作压力为1.5 MPa;乙炔橡胶管的内径为10 mm,工作压力为

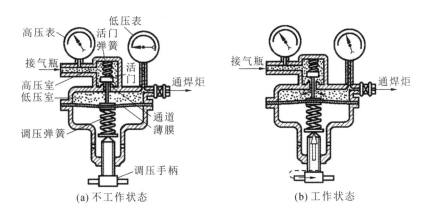

(a) 不工作状态　　　　　　　　(b) 工作状态

图 4-8　减压器的工作原理示意图

0.5 MPa 或 1.0 MPa。橡胶管长度一般为 10～15 m。

氧气橡胶管和乙炔橡胶管不可有损伤和漏气现象,严禁明火检漏。特别地,要经常检查橡胶管的各接口处是否紧固,橡胶管有无老化现象,橡胶管是否沾有油污,等等。

4.3　气焊火焰

常用的气焊火焰是乙炔与氧气混合燃烧所形成的火焰,也称氧乙炔焰。根据氧与乙炔混合比的不同,氧乙炔焰可分为中性焰、碳化焰(也称还原焰)和氧化焰三种,其构造和形状如图 4-9 所示。

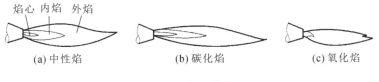

(a) 中性焰　　　　　　　(b) 碳化焰　　　　　　　(c) 氧化焰

图 4-9　氧乙炔焰

1. 中性焰

氧气和乙炔的混合比为 1.1～1.2 时燃烧所形成的火焰称为中性焰,又称正常焰。它由焰心、内焰和外焰三部分组成。焰心靠近喷嘴孔呈尖锥形,色白而明亮,轮廓清晰,在焰心的外表面分布着乙炔分解所生成的碳素微粒层,焰心的光亮就是由炽热的碳微粒所发出的,焰心的温度并不是很高,约为 950 ℃。内焰呈蓝白色,轮廓不清,并带深蓝色线条而微微闪动,它与外焰无明显界限。外焰由里向外逐渐由淡紫色变为橙黄色。中性焰的温度分布见图 4-10。中性焰的最高温度在焰心前 2~4 mm 处,为 3050~3150 ℃。用中性焰焊接时主要利用内焰这部分火焰加热焊件。中性焰燃烧完全,对红热或熔化了的金属没有碳化和氧化作用,所以称为中性焰。气焊一般都可以采用中性焰,它广泛用于低碳钢、低合金钢、中碳钢、不锈钢、紫铜、灰铸铁、锡青铜、铝及铝合金、铅锡、镁合金等的气焊。

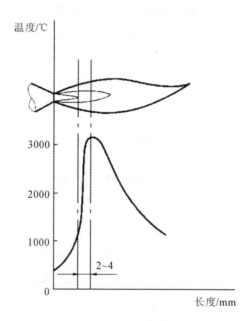

图 4-10　中性焰的温度分布

2. 碳化焰(还原焰)

氧气和乙炔的混合比小于 1.1 时燃烧所形成的火焰称为碳化焰。碳化焰的整个火焰比中性焰长而软,它也由焰心、内焰和外焰组成,而且这三部分均很明显。焰心呈灰白色,并发生乙炔的氧化和分解反应;内焰有多余的碳,故呈淡白色;外焰呈橙黄色,除有燃烧产物 CO_2 和水蒸气外,还有未燃烧的碳和氢。碳化焰的最高温度为 2700~3000 ℃,由于火焰中存在过剩的碳微粒和氢,因此碳会渗入熔池金属,使焊缝的含碳量增高,故称碳化焰(其不能用于焊接低碳钢和合金钢),同时碳具有较强的还原作用,故又称还原焰;游离的氢也会渗入焊缝,产生气孔和裂纹,形成硬而脆的焊接接头。因此,碳化焰只用于高速钢、高碳钢、铸铁、硬质合金、铬钢等的气焊。

3. 氧化焰

氧化焰是氧气与乙炔的混合比大于 1.2 时燃烧所形成的火焰。氧化焰的整个火焰和焰心的长度都明显缩短,只能看到焰心和外焰两部分。氧化焰中有过剩的氧,整个火焰具有氧化作用,故称氧化焰。氧化焰的最高温度可达 3100～3300 ℃。使用这种火焰焊接各种钢铁时,金属很容易被氧化而形成脆弱的焊接接头;在焊接高速钢或铬、镍、钨等的优质合金钢时,会出现互不熔合的现象;在焊接有色金属及其合金时,产生的氧化膜更厚,甚至焊缝金属内有夹渣,形成不良的焊接接头。因此,氧化焰一般很少采用,仅用于烧割工件和气焊黄铜、锰黄铜及镀锌铁皮等,特别适合黄铜类金属的气焊,因为黄铜中的锌在高温时极易蒸发,采用氧化焰时,熔池表面会形成氧化锌和氧化铜的薄膜,起到抑制锌蒸发的作用。

不论采用何种火焰气焊,喷射出来的火焰(焰心)形状应该整齐垂直,不允许有歪斜、分叉或发出"吱吱"的声音。只有这样才能使焊缝两边的金属均匀加热,并正确形成熔池,从而保证焊缝质量;否则不管焊接操作技术多好,焊接质量也要受到影响。所以,当发现火焰不正常时,要及时使用专用的通针把焊嘴口处附着的杂质清除掉,待火焰形状正常后再进行焊接。

4.4　气焊工艺与焊接规范

气焊的接头形式和焊接空间位置等工艺问题的考虑与焊条电弧焊基本相同。气焊尽可能用对接接头,厚度大于 5 mm 的焊件须开坡口以便焊透。焊前接头处应清除铁锈、油污、水分等。

气焊的焊接规范主要需确定焊丝直径、焊嘴大小、焊接速度等。

焊丝直径由工件厚度、接头和坡口形式决定,焊坡口时第一层应选较细的焊丝。焊丝直径的选用可参考表 4-2。

表 4-2　不同厚度工件配用焊丝的直径　　　　　　（单位：mm）

工件厚度	1.0～2.0	2.0～3.0	3.0～5.0	5.0～10.0	10～15.0
焊丝直径	1.0～2.0	2.0～3.0	3.0～4.0	3.0～5.0	4.0～6.0

　　焊嘴大小影响生产率。导热性好、熔点高的焊件，在保证质量的前提下应选较大号焊嘴（较大孔径的焊嘴）。

　　在平焊时，焊件越厚，焊接速度应越慢。对于熔点高、塑性差的工件，焊接速度应慢。在保证质量的前提下，应尽可能提高焊接速度，以提高生产效率。

4.5　气焊基本操作

1. 点火

　　点火之前，先把氧气瓶和乙炔瓶上的总阀打开，转动减压器上的调压手柄（顺时针旋转），将氧气和乙炔调到工作压力。然后，打开焊枪上的乙炔调节阀，此时可以把氧气调节阀开小一点，因为采用氧气助燃点火（用明火点燃），如果氧气调节阀开得大，点火时就会因气流太大而发出"啪啪"的响声，而且还易点不着；如果点火时氧气调节阀开得太小，虽然也可以点着，但是黑烟较大。点火时，手应放在焊嘴的侧面，不能对着焊嘴，以免点着后喷出的火焰烧伤手。

气焊安全操作
介绍与点火

2. 调节火焰

　　刚点燃的火焰是碳化焰，逐渐开大氧气调节阀阀门，改变氧气和乙炔的比例，根据被焊材料性质及厚度，调到所需的中性焰、氧化焰或碳化焰。需要大火焰时，应先把乙炔调节阀开大，再调大氧气调节阀；需要小火焰时，应先把氧气调节阀关小，再关小乙炔调节阀。

3. 焊接方向

　　气焊操作是右手握焊炬，左手拿焊丝，可以向右焊（右焊法），也可向左焊

（左焊法），如图 4-11 所示。

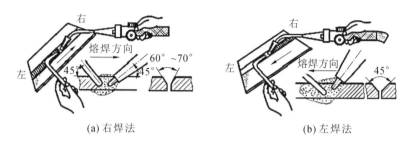

(a) 右焊法　　　　　　　　　　　　(b) 左焊法

图 4-11　气焊的焊接方向

　　右焊法是焊炬在前，焊丝在后。这种方法的焊接火焰指向已焊好的焊缝，加热集中，熔深较大，火焰对焊缝有保护作用，可避免气孔和夹渣，但较难掌握。此种方法适用于较厚工件的焊接，而一般厚度较大的工件均采用电弧焊，因此右焊法很少使用。

　　左焊法是焊丝在前，焊炬在后。这种方法的焊接火焰指向未焊金属，有预热作用，焊接速度较快，可减小熔深和防止烧穿，操作方便，适宜焊接薄板。采用左焊法，可以看清熔池，分清熔池中铁水与氧化铁的界线，因此左焊法在气焊中被普遍采用。

4. 施焊方法

　　施焊时，要使焊嘴轴线的投影与焊缝重合，同时要掌握好焊炬与工件间的倾角 α。工件越厚，倾角越大；金属的熔点越高，导热性越强，倾角就越大。在开始焊接时，工件温度尚低，为了较快地加热工件和迅速形成熔池，α 应该大一些（80°～90°），喷嘴与工件近乎垂直，使火焰的热量集中，尽快使接头表面熔化。正常焊接时，一般保持 α 为 30°～50°。焊接快结束时，倾角可减至 20°，并使焊炬上下摆动，以便断续地对焊丝和熔池加热，这样能更好地填满焊缝和避免烧穿。焊嘴倾角与工件厚度的关系如图 4-12 所示。

　　焊接时，还应注意焊丝送进的方法，焊接开始时，焊丝端部放在焰心附近预热。待接头形成熔池后，才把焊丝端部浸入熔池。焊丝熔化一定量之后，应退出熔池，焊炬随即向前移动，形成新的熔池。注意：焊丝不能经常处于火焰前面，以免阻碍工件受热，也不能使焊丝在熔池上面熔化后滴入熔池，更不能在接头表面尚未熔化时就送入焊丝。焊接时，火焰内层焰心的尖端要距离熔池表面

2～4 mm,形成的熔池要尽量保持瓜子形、扁圆形或椭圆形。

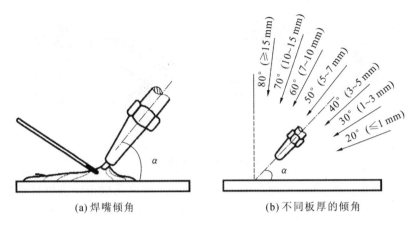

(a) 焊嘴倾角 (b) 不同板厚的倾角

图 4-12　焊嘴倾角与工件厚度的关系

5. 熄火

焊接结束时应熄火。熄火之前一般应先把氧气调节阀关小,再将乙炔调节阀关闭,最后关闭氧气调节阀,火即熄灭。如果将氧气调节阀全部关闭后再关闭乙炔调节阀,就会有余火窝在焊嘴里,不容易熄火,这是很不安全的(特别是当乙炔调节阀关不严时,更应注意)。此外,这样熄火黑烟也比较大。如果不调小氧气调节阀而直接关闭乙炔调节阀,熄火时就会产生很响的爆裂声。

4.6　气　　割

1. 气割的原理、应用及特点

气割即氧气切割,它是利用割炬喷出乙炔与氧气混合燃烧的预热火焰,将金属的待切割处预热到燃烧点(红热程度),并从割炬的另一喷孔高速喷出纯氧气流,使切割处的金属剧烈氧化,成为熔融的金属氧化物,同时被高压氧气流吹走,从而形成一条狭小整齐的割缝使金属割开,如图 4-13 所示。因此,气割包括预热、燃烧、吹渣

气割

三个过程。气割原理与气焊原理在本质上是完全不同的,气焊是熔化金属,而气割是金属在纯氧中的燃烧(剧烈的氧化),故气割的本质是"氧化"而非"熔化"。由于气割所用设备与气焊基本相同,而操作也有相似之处,因此常把气割与气焊在使用上和场地上都放在一起。根据气割原理,气割的金属材料必须满足下列条件。

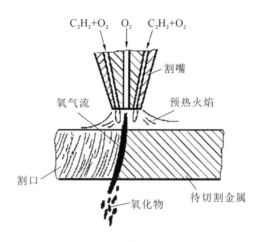

图 4-13　气割示意图

(1)金属熔点应高于燃点(即先燃烧后熔化)。在铁碳合金中,碳的质量分数对合金燃点有很大影响,随着碳的质量分数的增加,合金的熔点降低而燃点却提高,所以碳的质量分数越大,气割越困难。当碳的质量分数大于 0.7% 时,燃点高于熔点,此时合金不易气割。铜、铝的燃点比熔点高,故不能气割。

(2)氧化物的熔点应低于金属本身的熔点,否则形成高熔点的氧化物会阻碍下层金属与氧气流的接触,使气割困难。有些金属由于形成氧化物的熔点比金属熔点高,故不易或不能气割。例如高铬钢或铬镍不锈钢加热形成熔点为 2435 ℃左右的 Cr_2O_3,铝及铝合金加热形成熔点为 2054 ℃ 的 Al_2O_3,所以它们不能用氧乙炔焰气割,但可用等离子气割法气割。

(3)金属氧化物应易熔化且流动性好,否则不易被氧气流吹走,从而难以切割。例如,铸铁气割时生成很多 SiO_2,不但难熔(熔点约为 1723 ℃),而且熔渣黏度很大,所以铸铁不易气割。

(4)金属的导热性不能太好,否则预热火焰的热量和切割中所发出的热量会迅速扩散,使切割处热量不足,切割困难。例如,铜、铝及其合金由于导热性好而不能用一般气割法切割。

此外,金属在氧气中燃烧时应能发出大量的热量,足以预热周围的金属;金属中所含的杂质要少。

满足以上条件的金属材料有纯铁、低碳钢、中碳钢和低合金结构钢。而高碳钢、铸铁、高合金钢及铜、铝等非铁金属及合金,均难以气割。

与一般机械切割相比较,气割的最大优点是设备简单,操作灵活、方便,适应性强。它可以在任意位置、任何方向切割任意形状和任意厚度的工件,生产效率高,切口质量也相当好,如图 4-14 所示。采用半自动或自动气割时,由于运行平稳,切口的尺寸精度误差在±0.5 mm 以内,表面粗糙度值 Ra 为 25 μm,因而在某些地方气割可代替刨削加工,如厚钢板开坡口。气割在造船工业中使用最普遍,特别适用于切割稍大的工件和特形材料,还可用来切割锈蚀的螺栓和铆钉等。气割的最大缺点是对金属材料的适用范围有一定的限制,但由于低碳钢和低合金钢是应用最广泛的材料,所以气割的应用也就非常普遍了。

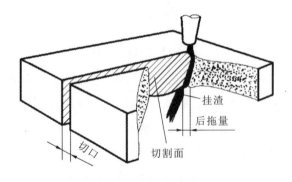

图 4-14　气割状况图

2. 割炬及气割过程

气割所需的设备中,氧气瓶、乙炔瓶和减压器同气焊一样,所不同的是气焊用焊炬,而气割要用割炬(又称割枪)。

割炬有两根导管,一根是预热焰混合气体管,另一根是切割氧气管。割炬比焊炬只多一根切割氧气管和一个切割氧阀门,如图 4-15 所示。此外,割嘴与焊嘴的构造也不同,割嘴的出口有两条通道,周围的一圈是乙炔与氧气的混合气体出口,中间的通道为切割氧(即纯氧)的出口,二者互不相通。割嘴有梅花形和环形两种。常用的割炬型号有 G01-30、G01-100 和 G01-300 等。例如,型号"G01-30","G"表示割炬,"0"表示手工,"1"表示射吸式,"30"表示最大气割厚度为 30 mm。同焊炬一样,各种型号的割炬均配备几个不同大小的割嘴。

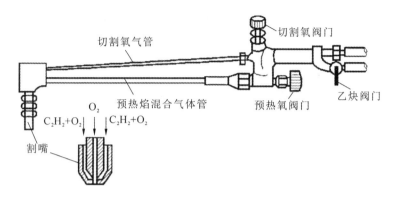

图 4-15　割炬

如用气割方式切割低碳钢工件,则先开乙炔阀门及预热氧阀门,点燃预热火焰,调成中性焰,将工件割口的开始处加热到高温(达到橘红至亮黄色约为1300 ℃)。然后打开切割氧阀门,高压的切割气与割口处的高温金属发生作用,发生激烈的燃烧反应,铁燃烧成氧化铁,氧化铁被燃烧热熔化后,迅速被氧气流吹走,这时下一层碳钢也已被加热到高温,与氧气接触后继续燃烧并被吹走,因此氧气可将金属自表面烧到底部,随着割炬以一定速度向前移动即可形成割口。

3. 气割的工艺参数

气割的工艺参数主要有割炬型号、割嘴孔径和氧气压力等,见表 4-3。工艺参数的选择也是根据要切割的金属工件厚度而定的。

表 4-3　普通割炬及其技术参数

割炬型号	切割厚度/mm	氧气压力/Pa	可换割嘴数/个	割嘴孔径/mm
G01-30	2～30	$(2～3)×10^5$	3	0.6～1.0
G01-100	10～100	$(2～5)×10^5$	3	1.0～1.6
G01-300	100～300	$(5～10)×10^5$	4	1.8～3.0

气割不同厚度的钢时,割嘴的选择和氧气工作压力的调整,对气割质量和工作效率都有影响。例如,使用太小的割嘴来割厚钢,由于得不到充足的氧气

燃烧和喷射能力,切割工作就无法顺利进行,即使勉强一次又一次地割下来,质量也差,而且工作效率也低。反之,如果使用太大的割嘴来割薄钢,不但浪费大量的氧气和乙炔,而且气割的质量也不好。因此,要选择好割嘴的大小。气割中氧气的压力与金属厚度的关系:压力不足时,不但切割速度缓慢,而且熔渣不易吹掉,切口不平,甚至有时会切不透;压力过大时,除了氧气消耗量增加外,金属也容易冷却,从而使切割速度降低,切口加宽,表面也粗糙。

无论气割多厚的钢料,为了得到整齐的割口和光洁的断面,除需要操作者熟练掌握技巧外,割嘴喷射出来的火焰也应该形状整齐,喷射出来的纯氧气流风线应该成为一条笔直而清晰的直线,在火焰的中心没有歪斜和出叉现象,喷射出来的风线应轮廓光滑,只有这样才能符合标准,否则会严重影响切割质量和工作效率,并且要浪费大量的氧气和乙炔。当发现纯氧气流不良时,绝不能迁就使用,必须用专用通针把附着在嘴孔处的杂质毛刺清除掉,直到喷射出标准的纯氧气流风线时再进行切割。

4. 气割的基本操作技术

(1) 气割前的准备。

气割前,应根据工件厚度选择好氧气的工作压力和割嘴的孔径,把工件割缝处的铁锈和油污清理干净,用石笔画好割线,平放好。在割缝的背面应有一定的空间,以便切割气流冲出来时不致遇到阻碍,同时还可散放氧化物。

握割枪的姿势与气焊时一样,右手握住枪柄,大拇指和食指控制预热氧阀门,左手扶在割枪的高压管子上,同时大拇指和食指控制切割氧阀门。右手臂紧靠右腿,在切割时随着腿部从右向左移动进行操作,这样使手臂有所依靠,切割过程会比较平稳,特别是当没有熟练掌握气割技巧时更应该注意这一点。

点火动作与气焊时一样,首先把乙炔阀门打开,预热氧阀门可以稍开一点儿。点着火后将火焰调至中性焰(割嘴头部是一蓝白色圆圈),然后把切割氧阀门打开,看原来的加热火焰是否在氧气压力下变成碳化焰。同时还要观察,在打开切割氧阀门时割嘴中心喷出的风线是否笔直、清晰,只有风线笔直、清晰才能切割。

(2) 气割操作要点。

① 气割一般从工件的边缘开始。如果要在工件中部或内部切割,应在中间

处先钻一个直径大于 5 mm 的孔,或开出一孔,然后从孔处开始切割。

② 开始气割时,先用预热火焰加热开始点(此时切割氧阀门是关闭的),预热时间应视金属温度情况而定,一般加热到工件表面接近熔化(表面呈橘红色)。这时轻轻打开切割氧阀门,开始气割。如果预热的地方切割不掉,说明预热温度太低,应关闭切割氧阀门继续预热,预热火焰的焰心前端应离工件表面 2~4 mm,同时要注意割炬与工件间应保持一定的角度,如图 4-16 所示。当气割 5~30 mm 厚的工件时,割炬应垂直于工件;当工件厚度小于 5 mm 时,割炬可向后倾斜 5°~10°;若工件厚度超过 30 mm,在气割开始时割炬可向前倾斜 5°~10°,待割透时,割炬可垂直于工件,直到气割完毕。如果预热的地方被切割掉,则继续加大切割氧气量,使切口深度加大,直至全部切透。

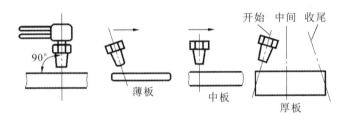

图 4-16　割炬与工件之间的角度

③ 气割速度与工件厚度有关。一般而言,工件越薄,气割的速度越快,反之则越慢。气割速度还要根据切割中出现的一些问题加以调整:当看到氧化物熔渣直往下冲或听到割缝背面发出"喳喳"的气流声时,便可将割枪匀速地向前移动;如果在气割过程中发现熔渣往上冲,则说明工件未打穿,这往往是由金属表面不纯以及红热金属散热快和切割速度不均匀造成的,这种现象很容易使燃烧中断,所以必须继续供给预热的火焰,并将速度稍微减慢些,待打穿且切割正常后再以原有的速度前进;如发现割枪在前面走,后面的割缝又逐渐熔合起来,则说明气割速度太慢或供给的预热火焰太大,必须将速度和火焰加以调整后再往下气割。

第5章 氩弧焊

5.1 氩弧焊的原理和特点

1. 氩弧焊的原理

气体保护焊

氩弧焊是采用氩气这种惰性气体作为保护气体的一种电弧焊。其原理是利用喷嘴射出的惰性气体,在电极及熔池四周形成封闭的保护气流,保护钨极、焊丝和熔池不被氧化的一种气体保护焊接方法。氩弧焊包括熔化极氩弧焊和非熔化极氩弧焊(GTAW)两大类,以 GTAW 手工电弧焊较为常见。GTAW 焊接电弧组成如图5-1 所示。

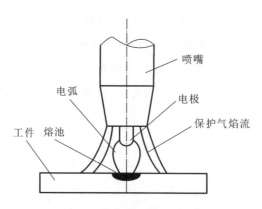

图5-1 GTAW 焊接电弧组成

电弧在惰性气体的保护下,阳极与阴极之间发射大量的电子,在电场作用下,电子与原子或分子经过多次碰撞,产生电离现象,从而产生足够多的正、负离子和电子,使气体被电离而导电,于是在钨极与焊件之间产生连续的弧光放电,产生了氩弧。氩弧中心白色耀眼光部分称为光柱,其温度可达 5000 K(开尔文温度)以上,能熔化各种金属。因而,氩弧是作为焊接热源的理想电弧。

2. 氩弧焊的特点

氩弧焊因其能够防止氧化、适用于多种金属材料、可获得高质量焊接接头等特点,而在制造业中占有重要地位。其中,手工钨极氩弧焊应用最为广泛。钨极氩弧焊具有以下特点:

(1)电弧热量集中。氩弧的弧柱在气流作用下,产生压缩效应和冷却作用;单原子氩气无吸热作用,导热能力差,电弧散热少,所以电弧热量集中,焊接速度快,温度高,焊接热影响区小,焊件变形小。

(2)焊缝质量高。氩气从喷嘴喷出时具有一定压力,并以层流形式有效地隔绝了空气。它既不与金属发生化学反应,又不溶于液体金属,所以金属元素的烧损很小。

(3)能焊接难熔和易氧化金属,如铝、钛、镁、锆等。

(4)使用小电流时,电弧稳定。氩弧在较小电流(5 A)时,仍可稳定燃烧,特别适合超薄金属材料的焊接。

(5)能进行全位置焊接。熔池无熔渣、无飞溅,电弧的可见性好,所以钨极氩弧焊是实现单面焊接双面成形的最佳焊接方法。

(6)操作简单、容易掌握,有利于实现自动化。氩弧焊是明弧操作,熔池尺寸容易控制,焊接过程没有冶金反应,很少出现未焊透或烧穿等缺陷。

5.2 钨极氩弧焊设备

钨极氩弧焊是在氩气的保护下,利用钨电极与工件之间产生电弧热来熔化母材的一种焊接方法。常见的钨极氩弧焊设备如图 5-2～图 5-4 所示。

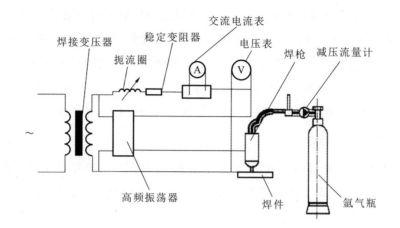

图 5-2 手工交流钨极氩弧焊设备组成

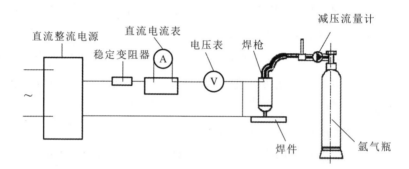

图 5-3 手工直流钨极氩弧焊设备组成

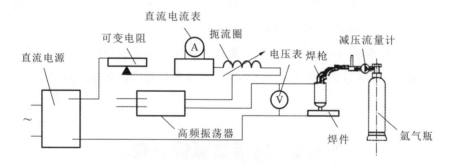

图 5-4 直流钨极自动氩弧焊设备组成

1. 钨极氩弧焊电源

钨极氩弧焊有直流、交流和逆变等多种焊接用电源,可根据不同的被焊材料和焊接工艺要求,选用不同的电源及极性。

（1）直流正接法。

如图 5-5 所示，钨极接负极，焊件接正极。焊接时，电子向焊件高速冲击，焊缝较窄、熔深大，钨极不过热、损耗小，允许钨极使用较大的焊接电流。这种接法适合不锈钢、耐热钢、钛合金、低合金高强钢的焊接，因而直流正接法被多数钨极氩弧焊所采用。

（2）直流反接法。

如图 5-6 所示，钨极接正极，焊件接负极。焊接时，由于钨极受电子的高速冲击，使钨极温度升高，所以钨极损耗快、寿命短，电弧稳定性较差，一般很少使用。而由于电子轰击作为正极的焊丝，焊丝一端温度较高，热量大，有利于焊丝的熔化，因此可提高焊丝熔化速度，提高生产效率。各种材料的熔化极氩弧焊则多采用这种接法。

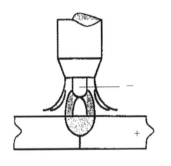

图 5-5　直流正接钨极氩弧
焊接法示意图

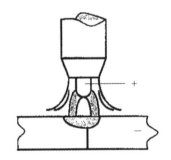

图 5-6　直流反接钨极氩弧
焊接法示意图

（3）交流。

交流适于铝、镁等熔点低而表面易产生高熔点氧化膜的金属的氩弧焊焊接。它弥补了直流正接时无"阴极雾化"作用和直流反接时钨极损耗大等缺点，因为交流电半波存在"阴极雾化"作用，使钨极损耗不致太大。其钨极许用电流值比直流反接时要大。镁、铝及其合金的氩弧焊采用这种接法。

2. 手工钨极氩弧焊焊枪

焊枪是钨极氩弧焊设备中的重要组成部分，它不仅传导电流，产生焊接电弧，还要输送保护气体，从而隔绝空气，保护焊丝、熔池、焊缝和热影响区，以获得良好的焊接接头。其外形如图 5-7 所示，内部结构如图 5-8 所示。

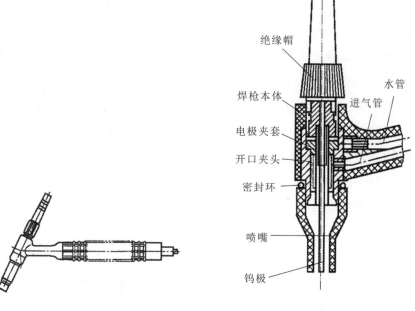

图 5-7 钨极氩弧焊焊枪的外形　　　图 5-8 钨极氩弧焊焊枪的内部结构

（图 5-8 标注：绝缘帽、水管、焊枪本体、进气管、电极夹套、开口夹头、密封环、喷嘴、钨极）

钨极氩弧焊的电极，一般采用钨铈合金，这种合金电极的寿命长，损耗低，引弧性能良好。焊枪的喷嘴是陶瓷材质，其绝缘、耐热性好。

3. 供气系统

钨极氩弧焊供气系统由氩气瓶、减压器、电磁气阀等组成。

（1）氩气瓶。

氩气瓶的构造与氧气瓶相同，外表为灰色，标示绿色"氩气"字样，从而防止与其他气瓶混淆。氩气在室温时，瓶装最大压力为 15 MPa，容积为 40 L。

焊接完毕时，要将气瓶关严密，防止漏气。当气瓶内的氩气快用完时，为了防止空气进入气瓶，要在气瓶里留少量氩气作为底气。

（2）减压器。

减压器是用来减压和调节使用压力的装置，通过螺纹拧到氩气瓶顶端。单级减压器要定期调节，以维持正常工作压力。双级减压器具有更精确的调节作用，当气瓶压力降低时无须重新调节。

（3）气体流量计。

气体流量计是用来标定气体流量的装置,记录流过的气体量。常用的气体流量计有 LZB 转子流量计、LF 浮子流量计等。其中,LZB 转子流量计体积小、调节灵活,应用较为广泛,其结构如图 5-9 所示。其计量部分由一个垂直的锥形玻璃管和管内的浮子组成。锥形玻璃管的大端在上,浮子可沿轴线方向上下浮动。当气体流过时,浮子的位置越高,表示氩气的流量越大。

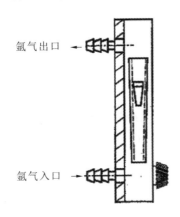

图 5-9　LZB 转子流量计

（4）电磁气阀。

电磁气阀是开闭气路的装置,它由焊机内的延时继电器控制,可起到提前供气和滞后停气的作用。当断开电源时,电磁气阀处于关闭状态;接通电源时,阀芯和密封塞被吸上去,电磁气阀打开,气体进入焊炬。

4. 水冷系统

钨极氩弧焊在采用大电流或者连续焊接时,需要有一套水冷系统,用来冷却焊炬和导电电缆。水冷系统可采用独立的循环冷却装置,也可用普通的城市自来水管。在水冷系统中,水路装有水压开关,用以保证在冷却水接通后才能启动焊机。

5. 送丝机构

在自动或半自动钨极氩弧焊焊机中,送丝机构是重要的组成部分。送丝机构的稳定性和可靠性直接影响着焊接质量。为了保证良好的焊接质量,送丝的稳定性是十分重要的。通常,焊丝直径小于 3 mm 的细丝,采用等速送丝方式;

焊丝直径大于 3 mm 的粗丝,采用弧压反馈的变速送丝方式。为了满足焊接工艺规范的要求,送丝速度应在一定范围内实现无级调节。

5.3　手工钨极氩弧焊工艺

钨极氩弧焊分为手工和自动两种。手工钨极氩弧焊可进行全方位的焊接,其优点是操作灵活方便,焊缝成形美观,变形小,特别适合焊接尺寸较精密的小零件;缺点是电流不能太大,所以焊缝熔深受到限制,当母材厚度在 6 mm 以上时,需要开坡口,采用多层焊,生产效率不高,一般只适用于薄板的焊接。

合理地选用手工钨极氩弧焊工艺参数,是保证焊接质量的前提。

1. 焊接条件

焊接条件包括工件的材质、类别、规格,焊接电流,保护气体,以及钨极种类等基本参数。钨极氩弧焊焊接条件如表 5-1 所示。

表 5-1　钨极氩弧焊焊接条件

金属材料	保护气体		焊接电源		钨极类别	
	最佳	较好	最佳	较好	最佳	较好
碳钢	Ar	Ar+He	正接	交流	2%铈钨	1%铈钨
低合金钢	Ar	Ar+He	正接	交流	2%铈钨	1%铈钨
铸铁	Ar	Ar+He	正接	交流	2%铈钨	1%铈钨
异种金属	Ar	—	正接	交流	2%铈钨	1%铈钨
铝及铝合金	Ar	Ar+He	交流	正接	锆钨	铈钨
不锈钢	Ar	Ar+He	正接	交流	2%铈钨	1%铈钨
锰钢	Ar	—	正接	交流	2%铈钨	1%铈钨

2. 焊丝直径

钨极氩弧焊焊丝的直径可根据经验公式 $d = t/2 \pm 1$ mm 来选择,其中 t 为工件厚度，"薄加厚减"，但不要大于 t。一般在打底层焊接时，多选择直径为 2～2.5 mm 的焊丝；填充层焊接时，可选用直径为 3～4 mm 的焊丝。太粗或太细的焊丝都很少使用。

选用焊丝直径的另一种经验方法，是观察熔池的形状和大小。当焊炬与工件间的夹角为 75°～85°时，所选的焊丝直径不宜大于熔池椭圆短轴的 2/3，如图 5-10 所示。

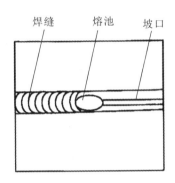

图 5-10　熔池椭圆形状示意图

3. 钨极直径和端头形状

正确选用钨极直径，既可保证生产效率，又能满足工艺的要求和减小钨极的烧损。钨极直径过小，则钨极易熔化和蒸发，或引起电弧不稳定和产生夹钨现象。钨极直径过大，在采用交流电源焊接时，会出现电弧飘移，使电弧分散或出现偏弧现象。如果钨极直径选用合适，交流焊接时，一般端头会熔化成球状。钨极直径一般应大于或等于焊丝直径。焊接薄工件或熔点较低的铝合金时，钨极直径要略小于焊丝直径；焊接中厚工件时，钨极直径要等于焊丝直径；焊接厚工件时，钨极直径应大于焊丝直径。

4. 焊接电流

焊接电流是钨极氩弧焊最重要的工艺参数，取决于钨极种类和规格。电流太小，难以控制焊道的成形，容易形成未熔合和未焊透等缺陷。同时，电流过小会造成生产效率低以及氩气浪费。电流过大，容易形成凸瘤和烧穿，熔池温度过高时还会出现咬边、焊道成形不美观等缺陷。

焊接电流的大小要适当，根据经验，电流一般应为钨极直径数值的 30～50 倍，交流电源时选用下限，直流电源正接时选用上限。当钨极直径小于 3 mm

时,从计算值中减去 5～10 A;如果钨极直径大于 4 mm,可在计算值上再加上 10～15 A。另外,在选用电流时,还要求电流不大于钨极的电流许用值。

5. 喷嘴直径

喷嘴直径是与氩气保护区的大小相关的。喷嘴直径过大,散热快,焊缝成形宽,影响操作者视线,焊接速度慢,且由于喷嘴大而增大了气体流量,造成保护气体的浪费;喷嘴直径过小,保护效果差,容易烧坏喷嘴,不能满足大电流焊接要求。

根据经验,喷嘴直径一般为钨极端直径的 2～3 倍再加 4 mm。当然,也要考虑被焊金属的性质。如果是活泼性金属,可取 2.5～3.5 倍。当钨极直径小于 3 mm 时,取 3.5 倍;当钨极直径大于 4 mm 时,取 2.5 倍。

圆柱形或收敛喷嘴(见图 5-11),气体保护效果较好,扩散喷嘴的气流挺度会差一些。通常,手工钨极氩弧焊时,喷嘴内径以 8～14 mm 为宜;自动钨极氩弧焊时,喷嘴内径为 12～18 mm。

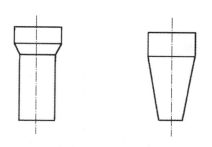

图 5-11　圆柱形喷嘴和收敛喷嘴

6. 气体流量

在保证保护效果的前提下,应尽量减小氩气流量,以降低焊接成本。但流量太小,喷出来的气流容易受外界气流的干扰,影响保护效果。同时,电弧也不能稳定燃烧,焊接过程中,可看到有氧化物在熔池表面飘移,焊缝发黑而无光泽。流量过大,不但浪费保护气体,还会使焊缝冷却速度过快,不利于焊缝的成形,同时气流容易形成紊流,从而引入空气,会破坏保护效果。

气体流量 Q 主要取决于喷嘴直径和保护气体种类,也与被焊金属的性质、焊接速度、坡口形式、钨极外伸长度和电弧长度等有关。手工钨极氩弧焊时,可采用经验公式 $Q=(0.8～1.2)D$ 计算。其中,D 为喷嘴直径,单位为 mm;Q 的单位为 L/min。当 $D \geqslant 12$ mm 时系数取 1.2,当 $D < 12$ mm 时系数取 0.8,以达到气流的挺度基本一致。自动焊时,焊接速度快,气体流量应大,焊缝背面保护气体的流量应是正面的 1/2,并保持背面保护气体流畅,否则背面气流会形成正压力,造成焊缝根部未焊透。

7. 焊接速度

焊接速度取决于工件的材质和厚度,还与焊接电流和预热温度有关。自动焊时,要考虑焊接速度对气体保护的影响。焊接速度过大,保护气流滞后,会使钨极、弧柱和熔池暴露于空气中,这时应加大电流,将焊炬向后倾斜一定角度,以达到良好保护效果。

焊接过程中,改变焊接速度一般不会影响气体保护效果,但焊接化学活泼性强的金属时,焊接速度不宜过快,否则容易使正在凝固和冷却的焊缝母材被氧化而变色。

8. 预热和层间温度

在焊接结构钢,尤其是厚度大于 25 mm 的工件时,为避免产生淬硬组织,加速氢的扩散和逸出,减小应力,防止冷裂纹的产生,焊件预热温度应根据化学成分、厚度、环境温度等,并经过焊接性试验和生产试验来确定。

有色金属焊接时,焊前预热有着重要的意义。预热可以提高焊接速度,因此可缩短熔池金属在高温下的停留时间或减小合金元素的烧损。同时,预热又能增强熔池的搅拌熔合能力,有利于气体的逸出,防止产生气孔。

多层焊时,对于低碳钢与低合金钢,层间温度不大于 180 ℃;对于铝合金,层间温度不大于 250 ℃;对于热敏感性的奥氏体不锈钢,层间温度不大于 100 ℃。

铝的预热温度在 150～250 ℃ 之间,一般不大于 350 ℃,铜的预热温度应高些,可达 500 ℃。预热区应有一定的宽度,才能保证均匀性,一般是在焊缝的两侧各 150～250 mm 范围内。预热采用背面加热(如果可能),预热温度不宜过高,否则会使熔池过大,焊缝表面形成麻点,且使焊工受热辐射,恶化劳动条件。尤其是在小容器内施焊时,更应当避免预热温度过高。通常来说,合金钢的起焊温度应不低于 15 ℃,否则,起焊点温度不均匀,容易形成裂纹。

9. 焊接顺序

合理的焊接顺序是减小焊接应力和变形的重要手段,如采用对称分段法、退焊法等焊接方法。这在焊接工艺规程中应有详细的说明。

10. 喷嘴至工件表面的距离

喷嘴距工件越远,保护效果越差;距离太近,则会影响操作者视线。为确保气体保护可靠,在实际生产中喷嘴至工件表面的距离一般取 8～14 mm,大多以 10 mm 为宜。

电弧越长,保护效果越差,反之则越好。但电弧过短,容易使焊丝碰撞到钨极,钨极损耗快,并有可能造成焊缝夹钨。喷嘴和钨极至工件的距离太小,电弧过短,会使操作者观察不便,难以用电弧控制熔池形状和大小,所以,应在避免碰撞钨极和便于控制熔池形状的前提下,尽量采用短弧焊。添加焊丝时,电弧长度一般为 3～5 mm,不添加焊丝自熔焊时,电弧长度不大于 1.5 mm 即可。

11. 钨极伸出长度

钨极伸出长度越大,保护效果越差,反之就越好。钨极伸出长度应根据坡口形式和焊接工艺规范来调整,原则上在便于操作的情况下,尽可能保护好熔池和焊缝。一般地,钨极伸出长度,T 形填角接头焊接时为 6～9 mm,端接填角接头焊接时应为 3 mm,对接开坡口焊接时可大于 4 mm;焊接铜、铝等有色金属时为 2 mm,管道打底层焊时为 5～7 mm。钨极伸出长度也可按所选钨极直径的 1.5～2 倍来确定。

5.4 手工钨极氩弧焊基本操作

1. 氩弧焊焊接前的准备

焊接前,首先根据焊件的情况选用合适的钨极和喷嘴,然后检查焊炬、控制系统、冷却水系统以及供气系统是否正常。如果无故障,才可进行焊接。

2. 氩弧焊焊接基本操作

(1)焊枪、焊丝的正确握法。

　　手工氩弧焊操作的常规方法是用右手握枪,用食指和拇指夹住焊枪的前部,其余三指可触及焊件,作为支承点,也可用其中的两指或一指作为支承点。焊枪要稍用力握住,这样能使电弧稳定。常见的手工氩弧焊的焊枪握法如表5-2所示。

表 5-2　手工氩弧焊的焊枪握法

焊枪类型	笔式焊枪	T 形焊枪		
握持方法				
应用范围	100 A 或 150 A 型焊枪,适用于小电流、薄板焊接	100～300 A 型焊枪,适用于Ⅰ形坡口焊接,此握法应用较广	100～200 A 型焊枪,此握法手晃动较小,适用于焊缝质量要求严格的薄板焊接	500 A 的大型焊枪,多用于大电流、厚板的立焊、仰焊等

　　手工氩弧焊焊接时,左手持焊丝,要严防焊丝与钨极接触,若是焊丝与钨极接触,会产生飞溅、夹钨现象,影响气体保护效果和焊道的成形。常见的手工氩弧焊焊丝的握持方法如图 5-12 所示。

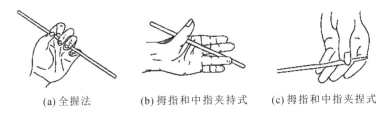

(a) 全握法　　　　(b) 拇指和中指夹持式　　(c) 拇指和中指夹捏式

图 5-12　手工氩弧焊握丝的方法

　　(2) 引弧。

　　手工氩弧焊的引弧方法主要有接触短路引弧、高频高压引弧和高压脉冲引弧等,常用后两种方法引弧。开始引弧时,先使钨极和焊件之间保持一定距离,然后接通引弧器,在高频电流和高压脉冲电流的作用下,保护气体被电离而引燃电弧,开始进行焊接操作,如图 5-13 所示。

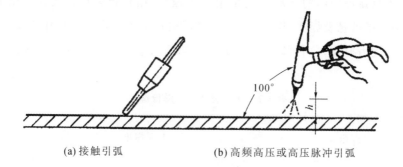

(a) 接触引弧　　　　　　　(b) 高频高压或高压脉冲引弧

图 5-13　手工氩弧焊的引弧方法

（3）送丝。

手工氩弧焊的焊丝送进方式,对保证焊缝的质量有很大的作用。采用哪种送丝方式,与焊件的厚度、焊缝的空间位置、连续送丝还是断续送丝等有关。常用的手工氩弧焊送丝方法见图 5-14。

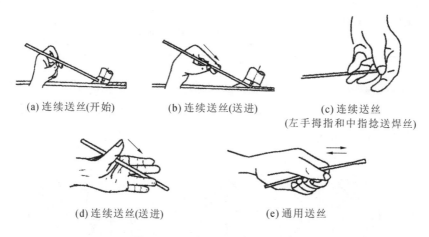

(a) 连续送丝(开始)　　　(b) 连续送丝(送进)　　　(c) 连续送丝
　　　　　　　　　　　　　　　　　　　　　　　　　　(左手拇指和中指捻送焊丝)

(d) 连续送丝(送进)　　　　　(e) 通用送丝

图 5-14　手工氩弧焊的送丝方法

连续送丝对焊接保护区的扰动较小,但送丝技术较难掌握。连续送丝时,用左手的拇指、食指捏住焊丝并用中指和虎口配合,托住焊丝。送丝时,捏住焊丝的拇指和食指伸直,即可将焊丝端头送入电弧直接加热区。然后,借助中指和虎口托住焊丝,迅速弯曲拇指和食指,向上弯曲捏住焊丝。如此反复动作,直至完成焊缝的焊接。在整个焊接过程中,注意焊丝的端头既不要碰到钨极,也不能脱离氩气的保护区。连续送丝的手法如图 5-14(a)、(b)所示。

连续送丝的第二种方法,是用左手的拇指、食指、中指配合动作送丝,一般送丝比较平直,无名指和小指夹住焊丝,控制送丝的方向。此时的手臂动作不大,待焊丝快用完时,才向前移动,如图 5-14(c)所示。

连续送丝的第三种方法,是将焊丝夹持在左手拇指虎口处,前端夹持在中指和无名指之间,靠左手拇指来回反复均匀用力,推动焊丝向前送进熔池中,中指和无名指的作用是夹稳焊丝和控制及调节焊接方向,如图 5-14(d)所示。

断续送丝又称为点滴送丝,焊接时,焊丝的末端应始终处于氩气保护区内,将焊丝端部熔滴送入熔池内,主要是靠手臂和手腕的上下反复动作,把焊丝端部熔滴一滴一滴地送入熔池中。为防止空气侵入熔池,送丝的动作要轻,并且焊丝动作时要处于氩气保护区内,不得扰乱氩气保护层。全位置焊接时,多用此法填丝。

如果运用通用送丝,则焊丝握在左手中间,端部应始终处于氩气保护区内,用手臂带动焊丝送进熔池内,如图 5-14(e)所示。

(4) 焊炬的移动方法。

焊炬的移动方法有左焊法和右焊法两种。

左焊法如图 5-15 所示,在焊接过程中,焊枪从右向左移动,电弧指向未焊部分,焊丝位于电弧前面,操作者容易观察和控制熔池温度,焊丝以点移法和点滴法填入,焊波排列均匀、整齐,焊缝成形良好,操作方法也较容易掌握。左焊法适宜于焊接较薄和对质量要求较高的不锈钢、高温合金,因为此方法下电弧指向未焊部分,有预热作用,故焊接速度快、焊道窄、焊缝高温停留时间短,对细化金属晶粒有利。左焊法焊丝以点滴法加入熔池前部边缘,有利于气孔的逸出和熔池表面氧化膜的去除,从而获得无氧化的焊缝。

右焊法如图 5-16 所示,在焊接过程中,焊枪从左向右移动,电弧指向已焊部分,焊丝位于电弧后面,焊丝按填入方法伸入熔池中,操作者观察熔池不如左焊法清楚,控制熔池温度较困难,尤其对薄工件的焊接更不易掌握。右焊法比左焊法熔池深、焊道宽,适宜焊接较厚的接头。厚度在 3 mm 以上的铝合金、青铜、黄铜和厚度大于 5 mm 的铸造镁合金,多采用右焊法。

(5) 熄弧。

焊接结束时,一定要熄弧,通常采用以下几种方法来熄弧。

① 焊速增加法:在焊接终止前,将焊炬前移的速度逐渐加快,焊丝的送给量

也逐渐减小,直到母材不熔化时为止。先停下控制开关,再断电,最后熄弧。这种方法无气孔和缩孔,效果良好,特别适用于管子焊接。

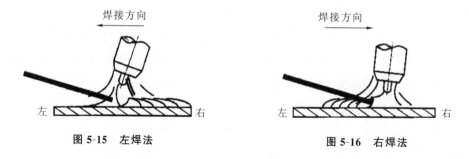

图 5-15　左焊法　　　　　　　　　图 5-16　右焊法

　　② 焊缝增高法:在焊接即将结束时,增大焊枪向右倾斜角度,同时减缓移动速度,这时送丝量将会增加,熔池填满时即可熄弧。这种熄弧方法适用于一般构件的焊接,应用较广泛。

　　③ 熄弧板应用法:在焊接收尾处接一块熄弧板,当焊缝焊接完成后,将电弧引到熄弧板上熄弧,然后移除熄弧板。这种熄弧方法操作简单,适用于平板及纵缝的焊接熄弧。

　　④ 焊接电流衰减法:在焊接即将终止时,先切断电源,逐渐减小焊接电流,实现电流衰减熄弧。这种熄弧方法需要有电流衰减装置。

　　需要注意的是,熄弧后不能马上移开焊炬,要将焊炬在熄弧的位置停留 6～8 s 后再移动,以保证高温下熄弧部位不被氧化。

　　3. 各种位置氩弧焊操作要领

　　手工钨极氩弧焊具有质量高、焊缝整齐美观、缺陷少等特点,可焊接多种焊缝。现以板材焊接为例,介绍常见的几种氩弧焊焊接方法。

　　(1) 平焊。

　　平焊是比较容易掌握的焊接位置,效率高,质量好,生产中应用比较广泛。

　　焊接运弧时要稳,钨极端头离工件 3～5 mm,为钨极直径的 1.5～2 倍。运弧时多为直线形,较少摆动,但最好不要跳动;焊丝与工件间的夹角为 10°～15°,焊丝与焊炬互相垂直。引弧形成熔池后,要仔细观察,视熔池的形状和大小控制焊接速度,若熔池表面呈凹形,并与母材熔合良好,则说明已经焊透;若熔池表面呈凸形,且与母材之间有死角,则表示未焊透,应继续加温,当熔池稍有下沉的趋势时,应及时填入焊丝,逐渐缓慢而有规律地朝焊接方向移动电弧,要尽量保持弧长不变。焊丝可在熔池前沿内侧一送一收,每次移动后,都要停放在熔池前方,停放时间可视母材坡口形式而定。焊接全过程中,均应保持这种状态,焊丝加得过早,会造成未焊透,加得太晚,容易形成焊瘤或烧穿。

熄弧后不可将焊炬马上提起,应在原位置保持数秒不动,以滞后气流,保证高温下焊缝金属和钨极不被氧化。

焊完后检查焊缝质量,如几何尺寸、熔透情况、焊缝是否氧化、咬边等。焊接结束后,先关掉保护气,后关水,最后关闭焊接电源。

(2)横焊。

将平焊位置的工件绕焊缝轴线旋转 90°,即横焊的位置。它与平焊有许多相似之处,所以焊接没有多大困难。

单层单道焊时,焊炬要掌握好两个角度,即水平方向角度(与平焊相似)和垂直方向角度(呈直角或与下侧板面间成 85°夹角)。如果是多层多道焊,垂直方向角度随着焊道的层数和道数而变化。焊下侧的焊道时,焊炬应稍垂直于下侧的坡口面,所以焊炬与下侧板面间的夹角应是钝角。钝角的大小取决于坡口的角度和深度。焊上侧的焊道时,焊炬要稍垂直于上侧坡口面,因此焊炬与上侧板面间的夹角是钝角。

引弧形成熔池后,最好采用直线运弧,如果需要较宽的焊道,也可采用斜圆弧形摆动,但摆动不当时,焊丝熔化速度控制不好,上侧焊缝容易产生咬边,下侧焊缝成形不良,或是出现满溢、焊滴下坠。横焊要掌握好焊炬角度、焊丝的送给位置、焊接速度和温度等,才能焊出圆滑、美观的焊缝。

(3)立焊。

立焊比平焊难得多,主要难点是熔池金属容易向下流淌、焊缝成形不平整、坡口边缘咬边等。焊接时,除了要具有平焊的操作技能外,还应选用较细的焊丝、较小的焊接电流,焊炬的摆动采用月牙形,并应随时调整焊炬角度,以控制熔池凝固。

立焊有向上立焊和向下立焊两种,手工钨极氩弧焊很少采用向下立焊。向上立焊容易保证焊透。向上立焊时,选择的焊炬角度和电弧长度,应便于观察熔池和送给焊丝,另外还要有合适的焊接速度。焊炬与焊缝表面间的夹角为 75°~85°,一般不小于 70°,电弧长度不大于 5 mm,焊丝与坡口面间夹角为

$25°\sim40°$。

立焊时,主要需掌握好焊炬角度和电弧长度。焊炬角度太大或电弧过长,都会使焊缝中间增高和两侧咬边。移动焊炬时要特别注意熔池温度和熔化情况,及时控制焊接速度的快慢,避免出现焊缝烧穿或熔池金属塌陷等不良现象。

(4)仰焊。

平焊位置绕焊缝轴线旋转180°,即为仰焊的位置。因此,其焊炬、焊丝和工件的位置与平焊相对称。它是难度最大的焊接位置,主要在于熔池金属和焊丝熔化后熔滴的下坠,比立焊时要严重得多。所以仰焊时必须控制焊接热量输入和冷却速度。焊接的电流要小,保护气体流量要比平焊时大10%~30%;焊接速度稍快,尽量直线匀速运弧。必须摆动时,焊炬做月牙形运动,焊炬角度要调整准确,才能焊出熔合好、成形美观的焊缝。

施焊时,电弧要保持短弧,注意熔池情形,配合焊丝的送给和运弧速度。焊丝的送给位置要准确、及时,为了省力和不抖动,焊丝可稍向身体靠,要特别注意熔池的熔化情况以及双手操作中的平稳性和均匀性。调节身体位置,使视线角度合适,并保持身体和手的操作轻松,尽量减少体能的消耗。焊接固定管道时,可将焊丝煨成与管外径相符的弯度,以便于加入焊丝。仰焊部位最容易产生根部凹陷,主要原因就是电弧过长、温度太高、焊丝的送给不及时或送丝后焊炬前移速度太慢等。

5.5 钨极氩弧焊常见的缺陷及预防措施

焊缝中若存在缺陷,各种性能将显著降低,以致影响使用性能和安全性。钨极氩弧焊常用于打底焊及重要结构的焊接,故其对焊接质量的要求更严格。钨极氩弧焊常见的缺陷及预防措施如下。

(1)几何形状不符合要求。

焊缝外形尺寸超出规定要求,高低和宽窄不一,焊波脱节,凹凸不平,成形不良,背面凹陷、凸瘤等。其危害是减小焊缝强度或造成应力集中,降低动载强度。

造成这些缺陷的原因:焊接工艺规范选择不当,操作技术不熟练,填丝不均匀,熔池形状和大小控制不准确等。

预防措施:选择合适的工艺参数,熟练掌握操作技术,送丝及时、准确,电弧移动一致,控制好熔池温度。

(2)未焊透和未熔合。

焊接时未完全熔透的现象称为未焊透,焊缝金属未透过对口间隙则称为根部未焊透;多层多道焊时,后焊的焊道与先焊的焊道没有完全熔合在一起,则称为层间未焊透。未焊透的危害是减小焊缝的有效截面积,降低接头的强度和耐蚀性能。这在钨极氩弧焊中是不允许的。

焊接时,焊道与母材之间未完全熔化结合的部分称为未熔合。未熔合往往与未焊透同时存在,两者的区别在于:未焊透总是有缝隙,而未熔合是一种平面状态的缺陷,其危害犹如裂纹,对承载要求高和塑性差的材料危害更大,所以未熔合是不允许存在的缺陷。

产生未焊透和未熔合的原因:电流过小,焊速过快,间隙小,钝边厚,坡口角度小,电弧过长或电弧偏吹等;焊前清理不干净,尤其是对铝氧化膜的清除;焊丝、焊炬和工件的位置不正确等。

预防措施:正确地选择焊接工艺规范,选用适当的坡口形式和装配尺寸,熟练掌握操作技术,等等。

(3)烧穿。

焊接过程中,熔化金属自背面流出,形成的穿孔缺陷称为烧穿。产生烧穿的原因与未焊透正好相反,熔池温度过高和焊丝送给不及时是主要原因。烧穿会降低焊缝强度,引起应力集中和裂纹。烧穿是不允许存在的缺陷,必须补焊。

预防措施:选择合适的工艺参数,装配尺寸准确,熟练掌握操作技术。

(4)裂纹。

在焊接应力及其他致脆因素作用下,焊接接头中局部区域的金属原子结合力遭到破坏而形成的缝隙称为裂纹,它具有尖锐的缺口和大的长宽比等特征。裂纹有热裂纹和冷裂纹之分。焊接过程中,焊缝和热影响区金属到固相线附近的高温区产生的裂纹叫作热裂纹。焊接接头冷却到较低温度下(对钢来说,在马氏体转变温度以下,大约为230℃)时产生的裂纹叫作冷裂纹。冷却到室温并在以后的一定时间内才出现的冷裂纹又叫延迟裂纹。裂纹不仅会减小金属的有效截面积,降低接头强度,影响结构的使用性能,而且会造成严重的应力集中。在使用过程中,裂纹能继续扩展以致发生脆性断裂,所以裂纹是最危险的缺陷,必须完全避免。

热裂纹的产生是冶金因素和焊接应力共同作用的结果,多发生在杂质较多的碳钢、纯奥氏体钢、镍基合金和铝合金的焊缝中,其预防措施比较少,主要是减少母材和焊丝中易形成低熔点共晶的元素,特别是硫和磷;采取变质处理,即在钢中加入细化晶粒元素,如钛、钼、钒、铌、铬和稀土等,能细化一次结晶组织;缩短高温停留时间和改善焊接应力。

冷裂纹的产生是材料有淬硬倾向、焊缝中扩散氢含量多和焊接应力三要素作用的结果,其预防措施比较多,如限制焊缝中的扩散氢含量,降低冷却速度和缩短高温停留时间,以改善焊缝和热影响区组织结构;采用合理的焊接顺序,以减小焊接应力;选用合理的焊丝和工艺参数,降低过热和改善晶粒长大倾向;采用正确的熄弧方法,以填满弧坑;焊前严格清理;采用合理的坡口形式以减小熔合比。

(5) 气孔。

焊接时,熔池中的气泡在凝固时未能逸出而残留在金属中形成的孔穴,称为气孔。常见的气孔有三种:氢气孔,呈喇叭形;一氧化碳气孔,呈链状;氮气孔,多呈蜂窝状。焊丝、焊件表面有油污、氧化皮、潮气,以及保护气体不纯或熔池在高温下氧化等,都是气孔产生的原因。

气孔的危害:降低接头强度和致密性,造成应力集中,可能是裂纹的起源。

预防措施:焊丝和焊件应清理干净并干燥,保护气体应符合标准要求,送丝及时,熔滴的过渡要快而准,焊炬移动平稳,防止熔池过热沸腾,焊炬的摆幅不能过大,焊丝、焊炬和焊件间要保持合适的相对位置,采用合理的焊速。

(6) 夹渣和夹钨。

由焊接冶金产生的,焊后残留在焊缝金属中的非金属杂质(如氧化物、硫化物等),称为夹渣。钨极电流过大或与焊丝碰撞而使钨极端头熔化落入熔池中,则产生夹钨。

产生夹渣的原因:焊前清理不彻底,焊丝熔化端严重氧化。

预防夹渣措施:保证焊前清理质量,焊丝熔化端始终处于气体保护区内。

预防夹钨措施:选择合适的钨极及其直径和焊接电流,提高操作技能,正确修磨钨极端部尖角,发生夹钨时应重新修磨。

(7) 咬边。

沿焊趾的母材熔化后未得到焊缝金属的补充而留下的沟槽称为咬边,有表面咬边和根部咬边两种。

产生咬边的原因:电流过大,焊炬角度错误,填丝过慢或位置不准,焊速过快等。钝边和坡口面熔化过深,熔化金属难以填充满而产生根部咬边,尤其在横焊的上侧。咬边多产生在立角点焊、横焊上侧和仰焊部位。富有流动性的金属更容易产生咬边,如含镍较高的低温钢、钛金属等。

咬边的危害是降低接头的强度,容易形成应力集中。

预防措施:选择合适的工艺参数,熟练掌握操作技术,严格控制熔池形状和大小,熔池应填满,焊速合适,位置准确。

(8) 焊道过烧和氧化。

焊道内、外表面有大量的氧化物叫作焊道过烧和氧化。

产生的原因:气体保护效果差,气体不纯,流量小等;熔池温度过高,如电流大、焊速慢、填丝缓慢等;焊前清理不干净、钨极伸出过长、电弧长度过大、钨极与喷嘴不同心等。

焊接铬镍奥氏体钢时,若内部产生花状氧化物,说明内部充气不足或密封性不好。

焊道过烧会严重降低焊缝接头的使用性能,必须找出产生的原因,制定预防措施。

(9) 偏弧。

产生原因:钨极不直,钨极端部形状不正确,产生夹钨后未修磨,焊炬角度或位置不正确,熔池形状或填丝错误。

(10) 工艺参数不合适产生的缺陷。

电流过大:出现咬边、焊道表面平而宽、氧化或烧穿。

电流过小:焊道窄而高、与母材过渡不圆滑、熔合不良、未焊透或未熔合。

焊速太快:焊道细小、焊波脱节、未焊透或未熔合、坡口未填满。

焊速太慢:焊道过宽、余高过大、产生焊瘤或被烧穿。

电弧过长:产生气孔和夹渣、未焊透或氧化。

习题与思考

1. 概念题

(1) 什么是焊接？焊接有什么特点？

(2) 什么是焊接接头？它由哪几部分组成？

(3) 焊接方法如何分类？常用的焊接方法有哪几种？

(4) 什么是焊条电弧焊？其简要的焊接过程是怎样的？具有什么特点？

(5) 焊条电弧焊焊机如何分类？它们各有何特点？

(6) 什么是正极性和负极性？焊接时应如何选择？

(7) 焊接工具主要有哪些？使用中要注意什么？

(8) 电焊条由什么组成？各有何作用？什么是酸性焊条和碱性焊条？各有何特点？

(9) 什么是焊接工艺规范？如何选择焊条直径、焊接电流、焊接速度？

(10) 焊接接头形式主要有哪些？为什么对接接头应用最多？

(11) 为什么焊接接头处要制出坡口？有哪些形式的坡口？

(12) 焊缝的空间位置有哪些？为什么应尽可能安排在平焊位置施焊？

(13) 焊条电弧焊如何引弧？有哪几种引弧方法？需注意什么？

(14) 焊条的操作运动（运条）是由哪些运动合成的？各有什么作用？

(15) 焊条电弧焊操作的注意事项有哪些？

(16) 什么是气焊？其原理、特点和应用如何？

(17) 什么是气焊的回火？回火防止器有何作用？它如何防止回火？

(18) 气焊时氧乙炔焰有哪几类？其特征与应用如何？

(19) 焊丝与焊条有何区别？气焊低碳钢常用什么焊丝？气焊时为什么要

用焊剂？

（20）如何选择气焊的焊接工艺参数？

（21）气焊点火、调节火焰、熄火需注意什么？

（22）什么是右焊法、左焊法？气焊常用哪一种方法？

（23）气割原理是什么？有何特点？气割对材质条件有何要求？气割常用在哪些金属材料上？工艺如何？

（24）气焊和气割时需注意什么事项？

（25）常见的焊接缺陷有哪些？各有什么特征？

（26）焊接构件在何时采用外观检测？什么场合采用水压试验？

2. 操作题

手工电弧焊平焊操作，掌握操作要领及技巧。

参考文献

[1] 王志海,舒敬萍,马晋.机械制造工程实训及创新教育教程[M].北京:清华大学出版社,2018.

[2] 邓洪军.焊接实训[M].北京:机械工业出版社,2014.

[3] 吴志亚.焊接实训[M].3版.北京:机械工业出版社,2021.

[4] 路宝学,邓洪军.焊条电弧焊实训(焊接专业)[M].3版.北京:机械工业出版社,2019.

[5] 沈言锦.焊接技术基础[M].北京:机械工业出版社,2018.

[6] 陈祝年,陈茂爱.焊接工程师手册[M].3版.北京:机械工业出版社,2019.

[7] 段玉春.最新电焊工技术手册[M].呼和浩特:内蒙古人民出版社,2009.

[8] 夏延秋,吴浩.金工实习指导教程[M].北京:机械工业出版社,2015.

[9] 胡庆夕,张海光,何岚岚.现代工程训练基础实践教程[M].北京:机械工业出版社,2021.

[10] 孙景荣.氩弧焊技术入门与提高[M].2版.北京:化学工业出版社,2012.